BARTOLOMÉ *de Medina*

Juan Manuel Menes Llaguno

BARTOLOMÉ *de Medina*

Impulsor de la metalurgia del siglo XVI

Bartolomé de Medina
Impulsor de la metalurgia del siglo XVI
Juan Manuel Menes Llaguno

Primera edición: Cámara de Diputados, 2024

ISBN: 978-607-8897-14-8

Impreso en México

Índice

Prólogo

Entre los hombres y mujeres que han cambiado el curso del desarrollo de la humanidad está el protagonista de esta obra, Bartolomé de Medina. Llegado de Sevilla, España, a México en busca de progresar en la metalurgia, tras la quiebra de sus negocios comerciales, arribó finalmente a Pachuca, Hidalgo, donde creó el método metalúrgico que, sólo para empezar, evitó la bancarrota de la Corona española.

Pero vamos por partes. Lo primero que puede afirmarse es que, sin duda alguna, sería impensable la civilización sin la metalurgia y la metalurgia sin Bartolomé de Medina.

Nuestro personaje fue parte de una amplia migración hacia la Nueva España a mediados del siglo XVI, en respuesta al ofrecimiento que hiciera Carlos V de jugosas mercedes para inventores y perfeccionadores de los sistemas de beneficio de metales preciosos, particularmente la plata, que hicieran posible su obtención a menores costos y mayores cantidades.

A diferencia de los demás, Bartolomé de Medina vino con una ventaja, un secreto e incipiente saber, experimental apenas, adquirido del maestro Lorenzo. Lo desarrolló hasta instrumentar el proceso de amalgamación. A grandes rasgos, consistía en mezclar el mineral triturado con mercurio, denominado también azogue, lo que resultaba en la formación de una amalgama sólida que se calentaba para evaporar el agente aglutinante y obtener así en pureza el metal precioso.

Para los apasionados del detalle, que son, por supuesto, los amantes de la historia, hay una meticulosa descripción de la época sobre dicho método en esta magnífica obra de Juan Manuel Menes Llaguno.

El mayor de los méritos de la amalgamación fue que redujo tiempos y costos del beneficio de los metales, a la par que permitía aumentar las cantidades obtenidas, de manera que fue posible darle un impulso sustancial a la producción de las minas del Nuevo Mundo, no sólo de aquellas que producían plata, sino incluso minerales de baja ley, nos relata el autor.

Tras este revolucionario descubrimiento en América, la Corona española pudo obtener la cantidad de oro y plata que necesitaba para solventar sus deudas y enriquecerse.

Aún más importante, el oro y la plata del Nuevo Mundo fueron la simiente del nacimiento de la economía global. Se pagaron con estos metales productos valiosos en la época, aunque ciertamente superfluos, como marfil de la India, sedas de Calabria y perfumes de Arabia. Se acuñaron monedas que se convirtieron en las más apreciadas.

El desarrollo económico dio un giro en todo el mundo cuando Bartolomé de Medina creó en Pachuca el método de amalgamación, también conocido como de patio. Un personaje que, como bien nos cuenta Menes Llaguno, fue hasta principios del siglo XX más leyenda que historia.

Hoy, sin embargo, podemos acercarnos a él desde la perspectiva que nos ofrece un historiador que domina a la perfección su ciencia. Nuestro autor ha sido minuciosamente analítico, acudiendo a los contextos social, político, cultural, económico y geográfico de la época en que vivió Bartolomé de Medina.

Es admirable, además, la labor de zapa histórica que realizó para basar su trabajo en documentos originales y confrontar distintas versiones sobre la vida del ilustre sevillano.

El resultado es un libro exhaustivamente documentado, como sólo podría haberlo realizado un apasionado de la historia, hacedor científico de ella y admirador de Bartolomé de Medina.

Su trabajo sobre el sevillano viene ya de tiempo atrás, de hace cinco décadas. Así, podríamos afirmar que, hoy en día, Juan Manuel Menes Llaguno es el más docto en el tema.

Político, reconocido historiador, miembro de la Academia Nacional de Historia desde 1978, fundador de la Academia Hidalguense de Historia y del Consejo Estatal de la Crónica del Estado de Hidalgo, rector de la Universidad Autónoma de Hidalgo de 1986 a 1991, miembro de la Sociedad Mexicana de Geografía y Estadística (primera sociedad científica de América y cuarta en el mundo), nuestro autor maneja con maestría las técnicas, lineamientos y conocimientos especializados para la reconstrucción objetiva de los hechos del pasado.

La historia, como quehacer científico, debe revelar la variedad de enfoques que existen sobre los acontecimientos del pasado para aportar al lector no sólo elementos de juicio, sino también un conocimiento más profundo del tema tratado. Esto hace justamente Menes Llaguno, dándonos además su personal versión como historiador y precisando los motivos que lo llevaron a la misma. Este análisis científico expuesto al lector es lo que nos revela la disciplina y la ciencia con que fue llevado a cabo el trabajo.

En 1554, en Pachuca, un sevillano hacía posible un método de beneficio de metales que cambió el curso de la historia del mundo. Juan Manuel Menes Llaguno nos cuenta con detalle y amenamente cómo sucedió esto. Una lectura imperdible, sin duda.

Las fuentes

Han transcurrido casi cinco décadas de mi ingreso a la Academia Nacional de Historia, aquel 13 octubre de 1978, fecha en la que, animado por la gran riqueza del Archivo Histórico del Poder Judicial del Estado de Hidalgo –entonces recién descubierto–, presenté mi trabajo de ingreso con el tema "Nuevos datos para la biografía de Bartolomé de Medina", célebre metalurgista sevillano que practicara por primera vez a nivel industrial el *método de amalgamación* o *de patio,* a finales de 1544, en Pachuca. Aquel trabajo, notablemente ampliado y contextualizado histórica y geográficamente, permitió la publicación, en 1984, de la primera edición del libro *Bartolomé de Medina: un sevillano pachuqueño* reeditado dos años después.

En 2001, el investigador sevillano Manuel Martos, aprovechando su cercanía con los archivos españoles de Indias y Simancas, publicó *Bartolomé de Medina en el siglo* XVI, reeditado un lustro después por la Universidad de Cantabria, en el que aportó nuevos e interesantes datos sobre los primeros años de vida del metalurgista en Sevilla.

Estos trabajos vendrían a sumarse a los realizados por el doctor Francisco Fernández del Castillo, a quien correspondió el mérito de haber rescatado a Bartolomé de Medina de la leyenda para integrarlo definitivamente a la historia, al dar a conocer un gran número de documentos sobre su vida en la Nueva España, a través de un magnífico ensayo publicado hace casi un siglo, gracias al que se originaron diversas investigaciones sobre este personaje y su sistema de beneficio. Por relevantes, pueden consignarse: la monumental obra de Modesto Bargalló a la que se aúna la de los investigadores Luis Muro Arias, Miguel Othón de Mendizábal, Luis Chávez Orozco y las más recientes de Roberto Moreno de los Arcos y Elías Trabulse, sin contar las realizadas por Santiago Ramírez y Trinidad García.

En el ámbito regional, pueden mencionarse las aportaciones de Teodomiro Manzano, José Ignacio Galindo, Isaac Piña Pérez y otros —que historiadores pachuqueños publicaron para destacar la figura de Bartolomé de Medina en el entorno de la minería de esta región del país—, así como la enorme contribución del investigador estadounidense Alan Probert, quien, a mediados del siglo xx, dio a conocer diversos hallazgos sobre la vida y el descubrimiento de Medina, publicados en los Estados Unidos por la revista *Journal of the West*, que, traducidos, integraron un robusto volumen titulado *En pos de la plata,* aparecido en 1987 y reeditado en 2012 por el gobierno del licenciado Francisco Olvera Ruiz.

Finalmente, se agregan los estudios del inglés Mervyn F. Lang y los de la española Antonia Heredia Herrera, de la Universidad de Sevilla, sin soslayar a Patricia Kox, quien, en 1977, publicó en la editorial Jus una novela basada en la vida del metalurgista: *Ruta de plata*.

Por otra parte, existen cientos de citas realizadas por un gran número de reconocidos autores que desde el siglo XVI hacen mención del personaje, pero, ante todo, de su gran aportación al mundo de la metalurgia. Es el caso de obras como *La vida económica de la Nueva España a finales del siglo XVI*, de Gonzalo Gómez de Cervantes o el *Tratado de las Indias*, de Juan Suárez de Peralta, sin olvidar las investigaciones de José Garcés y Eguía, Agustín Aragón y Leyva, Alberto María Carreño, Julio Rey Pastor y Ramón Sánchez Flores, sólo por mencionar a los más importantes.

La pobreza de fuentes hasta hace unos años mucho coadyuvó a desatinos e incongruencias relacionadas con la biografía del metalurgista sevillano, pero, sobre todo, contribuyó a no valorar adecuadamente la importancia de su descubrimiento; incluso en Pachuca, sitio en el que su nombre se liga a uno de los más importantes capítulos de la historia local, se le tenía como un personaje enigmático que se movía más en el terreno de la leyenda que en el de la realidad histórica.

Algo parecido sucedió con las fuentes primarias. Pocos eran los datos derivados del Archivo General de la Nación y ambiguos los hasta entonces obtenidos de los repositorios de Indias y Simancas en España, así como nulos los procedentes de la historia regional, por carecer de archivos relativos a esta etapa de la historia; Fernández del Castillo, Luis Muro Arias y Elías Trabulse exprimieron al máximo y agotaron la documentación del primero, en tanto que Alan Probert y Antonia Heredia lo hicieron con los archivos españoles donde dejaron andado el camino, que hace dos décadas recorrió con toda acuciosidad Manuel Castillo Martos.

Fue el hallazgo del gran acervo documental contenido en el Archivo Histórico del Poder Judicial del Estado de Hidalgo en 1977[1] lo que detonó esta investigación, que, complementada con datos de los archivos españoles, permitió un mayor acercamiento no sólo al personaje, sino al hecho del descubrimiento, documentación que, hoy ampliada y complementada con las aportaciones de Castillo Martos, posibilita esta nueva edición de aquel trabajo.

[1] En abril de 1977, José Vergara Vergara y Juan Manuel Menes Llaguno descubren la gran riqueza documental del Archivo Histórico del Poder Judicial del Estado de Hidalgo, que abrió la posibilidad de nuevas investigaciones entre ellas la de Bartolomé de Medina y su descubrimiento.

Marco referencial

Para entender la importancia y la trascendencia del descubrimiento del método de amalgamación y las circunstancias que incidieron en la vida de su descubridor, es útil conocer un marco referencial donde se conjuguen e interaccionen los factores de tiempo y espacio, para obtener una mayor visión del hecho histórico. En este contexto, el *leit motiv* de este trabajo se circunscribe a un tiempo, el siglo XVI —centuria de la Conquista e inicio de la colonización del Nuevo Mundo— y dos espacios: en Sevilla, lugar de nacimiento de Bartolomé de Medina, y en Real de Minas de Pachuca, sitio en el que se practicó por primera vez el innovador método metalúrgico para el beneficio argentífero y el lugar donde reposan sus restos mortales.

El tiempo

El siglo XVI se caracterizó por diversos e importantes acontecimientos de trascendental influencia en el mundo de entonces; destacan, desde luego, los descubrimientos geográficos, intensificados tras el hallazgo del Nuevo Continente, a finales del siglo XV, por el almirante genovés Cristóbal Colón, que, en la siguiente centena, pasaron imperceptiblemente al terreno de las conquistas y, luego, al de la colonización, proceso por el que España y Portugal, pioneros de la navegación intercontinental, expandieron considerablemente sus territorios.

El caso de España reviste particular interés, pues el periodo de su expansión en América coincide, por una parte, con ascenso de Carlos I al trono ibérico hacia 1516 y, más tarde, al de Alemania en 1519, años en los que también el cisma luterano sacude y reforma la política y la economía europea. Estos acontecimientos, suscitados durante las tres primeras décadas de aquel siglo, determinaron una nueva idea del mundo, que transformó a hombres e instituciones. El examen de estos hechos de relevancia histórica, aislados primero, en su conjunto después, arrojan interesantes conclusiones para determinar la importancia de la minería y del quehacer de Bartolomé de Medina.

Conquista y minería

La minería y la evangelización fueron, sin lugar a dudas, dos de los motores más importantes en la conquista y colonización del Nuevo Mundo; la primera se constituyó en factor económico vital de esa gran empresa, en tanto que la segunda además de coadyuvar a la expansión de los europeos en América, fue también la justificación de mayor peso para afirmar la hegemonía hispánica en estas tierras.

Los grandes descubrimientos y denuncios de minas en América, sucedidos de manera vertiginosa una década después de consumada la Conquista, se prolongan hasta bien entrada la primera mitad del siglo XVI, condición que propició un gran proceso de cambio en el Imperio español, que posibilitó la transformación de la antigua sociedad feudal ya decadente en otra, regida por los principios del capitalismo embrionario, con lo que se cimbraron de raíz los órdenes político, económico y social. En efecto, la abundancia de metales llevados de América al Viejo Continente pronto provocó una crisis que sacudió profundamente a feudos y burgos, disolviendo con ello el viejo cartabón de una estructura caduca e inadecuada para su tiempo y el surgimiento de otra de caracteres absolutistas.

La evangelización, por su parte, sirvió como argumento para aceptar una acción por demás violenta y antijurídica, como la Conquista, sólo justificada como prolongación de las santas persecuciones de la Iglesia y del gobierno español contra islamitas y judíos. La Conquista, dice Mariátegui, "fue la última cruzada y su carácter de cruzada la definió como empresa esencialmente militar y religiosa".[1]

Así, los dos motores de la Conquista y la colonización de estas tierras se unen en el afán expansionista europeo, justificando de manera sutil el pretexto y el fin verdadero de la conquista del Nuevo Mundo.

Los problemas de la España de Carlos V

Carlos I, el gobernante que unió en su persona las coronas de Castilla, Aragón y Navarra, así como los territorios del Sacro Imperio Romano-Germánico, monarca al que correspondió la consumación

[1] José Carlos Mariátegui, *Siete ensayos de interpretación de la realidad peruana*, Lima, Biblioteca Amautla, 1959, p. 146.

de la conquista de América, fue también quien enfrentó los más graves problemas de orden religioso, político y económico. Dos de muy especial atención: el primero, relativo a la defensa del catolicismo, entonces en plena revisión erasmista, al ser amenazado por la reforma luterana, a la que el gobernante hispanogermano debió oponer una contrarreforma sumamente costosa; el segundo, derivado del cuantioso endeudamiento del emperador con los banqueros alemanes Függer y Welser —castellanizados en Fúcar y Belzar—, quienes financiaron el ascenso del nieto de los Reyes Católicos y sucesor del viejo emperador Maximiliano I al trono de Alemania. En efecto, desde el inicio de su reinado, los compromisos económicos empezaron a suscitarse, los primeros préstamos sirvieron para financiar las guerras de trasfondo religioso de España contra Francia e Inglaterra y aún la fallida expedición de Argel.

Precisamente en el mismo mes y año en que don Hernando de Cortés lograba la capitulación de la Gran Tenochtitlan, Jacobo Függer —Jacobo el Rico— escribía al monarca hispano "Su Majestad me debe hasta fines de agosto de 1521, la suma de 152,000 ducados, más intereses, lo cual representa el adeudo que Su Majestad estableció conmigo en la dieta de Worms, en dos contratos [...]".[2]

El soberano, comenta sarcásticamente Puiggros, respondió a la carta con imperial generosidad. El primer cargamento de oro que envió Hernán Cortés pasó a las arcas de sus acreedores alemanes, sin que los aztecas se enteraran de que su derrota posibilitó el pago de las cuantiosas deudas del entonces llamado Soberano del Mundo.

[2] Rodolfo Puiggrós, *La España que conquistó al Nuevo Mundo*, México, Costa Amic Editores, 1983, p. 178.

Como los problemas de la Corona no sólo continuaron, sino aún más, se agravaron en los años siguientes, en razón de que los altos impuestos cobrados a los campesinos españoles resultaron insuficientes para costear los gastos de las guerras del emperador en Europa, éste se vio obligado a acudir una y otra vez a sus viejos amigos los Függer y Welser en demanda de más préstamos. A cambio de ello, aparte de pagar altos intereses, se comprometió a otorgar a sus acreedores, diversas prerrogativas y concesiones tanto en España como en América, como: libertad absoluta de comercio, traspaso de fundos mineros, agrícolas y ganaderos, condonación de impuestos y un sinnúmero de privilegios que bien disfrutaron y acrecentaron los prestamistas alemanes. Por ello se afirma, no sin razón, que Carlos V, el gobernante más importante de la historia de España, fue también el más importante deudor universal de su tiempo.

En estas circunstancias, la economía de la Corona española, atrapada en un callejón sin salida, se vio obligada a buscar por todos los medios una manera eficaz para sufragar su crecida deuda y sus cuantiosos gastos. Entre las muchas medidas tomadas, destaca el establecimiento de una gran campaña destinada a buscar el desarrollo de la actividad minera en el nuevo continente, donde se decretaron múltiples medidas para acelerar la búsqueda de veneros de metales.

Apenas un lustro después de la caída de Tenochtitlan, el 09 de noviembre de 1526, se emitió la primera Real Cédula en la materia, la que dispuso:

> Que toda persona e qualesquier *[sic]* persona de cualesquier estado y condición e preminencia o dignidad que sean ansí los cristianos españoles nuestros súbditos que fueran a esa tierra a poblar, como los

naturales de ella, puedan sacar oro y plata por sus personas, criados o esclavos en cualesquier minas que hallaren en donde quisieren y por bien tuvieren.[3]

Como podrá observarse, la cédula fue bastante amplia, pues no hizo distinciones de ninguna naturaleza entre españoles y naturales, y si bien esto, en la práctica, difícilmente se respetó, es clara muestra de las intenciones de la Corona para formar verdaderos ejércitos de gambusinos, cualquiera que fuera su origen, a fin de incorporar al sistema tributario Español, el mayor número de fundos productivos a efecto de que generaran ingresos seguros y abundantes, derivados del gravamen ya establecido entonces para las actividades extractivas, consistente en pagar a la Corona la quinta parte de los rendimientos generados en la producción de las minas en explotación, aunque, excepcionalmente, podría reducirse en una décima o vigésima parte.[4]

Otro objetivo emanado de la real disposición fue propiciar una mayor circulación de la riqueza dentro de los dominios de la Corona, ya que ello permitiría generar y mantener otras actividades económicas y, como consecuencia, nuevos motivos de incidencia tributaria en favor del urgido gobierno español.

Dos problemas, sin embargo, hicieron que la cédula fuera tan sólo un buen propósito del endeudado monarca español; el primero, originado de la realidad adversa en vivían los naturales, en su mayoría sujetos a encomiendas y vasallajes en favor de los peninsulares,

[3] Francisco Fernández del Castillo, *Algunos documentos nuevos sobre Bartolomé de Medina*, Sociedad Científica Antonio Alzate, Talleres Gráficos de la Nación, México, 1927, p. 5.

[4] José María Ots Capdequi, *El Estado español en las Indias*, México, Fondo de Cultura Económica, 1975, p. 38.

lo que les alejaba de la posibilidad de realizar denuncios o registros de minas. El segundo, quizá tan importante como el otro, se derivó de los rudimentarios y arcaicos sistemas de beneficio metalúrgico, que hacían en muchos casos incosteable el laboreo, aún de los más ricos fundos mineros.

En efecto, los costos y la tardanza en el refinamiento de los minerales extraídos –principalmente la plata– fueron causa para que muchos mineros abandonaran su trabajo, no obstante la prodigalidad con que eran tratados por el gobierno novohispano.

Para abatir los problemas de la minería, principalmente los del beneficio de metales, se desplegó toda una política de concesiones y promesas, tendiente a despertar el ánimo e ingenio de los metalurgistas de la época, fueran españoles o extranjeros, naturales o criollos, a fin de que se investigara una mejor forma de beneficio para los minerales americanos. La situación no era para menos, pues mientras se descubrían cada vez de manera más frecuente grandes yacimientos tanto en la Nueva España como en el Perú, los obsoletos sistemas de beneficio minimizaban su producción de manera considerable.

Los ofrecimientos de la Corona hispana en momentos tan cruciales para su depauperada economía corrieron rápidamente por toda Europa y América, suscitándose una verdadera fiebre metalúrgica, disciplina que, conmovida de raíz, se transformó al abandonar el simple empirismo practico para buscar una verdadera sistematización razonada.[5]

En el intento por descubrir un método más efectivo para el beneficio metalífero se ensayaron recetas de una ingenuidad extraordinaria, pero se produjeron también eruditos ensayos sobre

[5] Julio Rey Pastor, *La ciencia y la técnica en el descubrimiento de América*, Madrid, Espasa Calpe, 1970, p. 108.

la materia, base de estudios posteriores que mucho mejoraron la producción de las minas de América.

Fue precisamente en este momento de la historia cuando surgió la figura de Bartolomé de Medina, primero en practicar con éxito el método de amalgamación para beneficio de la plata, con el que daría nuevo rumbo a la metalurgia del siglo XVI, e incentivos para reanimar la actividad minera, si no decadente en esos momentos, sí estancada y con pocas posibilidades de superación.

El nuevo método descubierto a finales de 1554, en Pachuca, uniría imperceptiblemente dos nombres: el del metalurgista Bartolomé de Medina y el de una población minera, apenas conocida entonces en la geografía americana, Pachuca.

El espacio

El otro elemento fundamental dentro del marco de referencia de nuestro estudio es el lugar donde se desarrollaron los trabajos de Bartolomé de Medina, la Nueva España y, dentro de ella particularmente, el Real de Minas de Pachuca, puntos medulares de esta investigación y de este capítulo.

Aunque la Conquista fue un verdadero parteaguas en la historia de estas tierras, debido a que los múltiples adelantos importados de Europa conmovieron de raíz a los pueblos americanos, en materia minera y, aun del beneficio de metales, la situación fue menos tajante, debido a que ambas actividades eran conocidas ya por los naturales y en algunos aspectos había puntos de profunda coincidencia con los procedimientos de trabajo existentes en el Viejo Continente.

El primero en conocer de esta circunstancia, fue el propio Hernán Cortés, quien desde "su llegada a estas tierras, se percató de que los indígenas explotaban ya algunos yacimientos minerales, por lo que cuidó de averiguar los lugares en que hubiere minas y habiendo consultado a Moctezuma, éste le dio los datos que tenía, más los que pudo adquirir de sus recaudadores, de los sacerdotes y de los comerciantes que viajaban por todo el país".[1]

Pedro Mártir de Anglería, en sus *Décadas del Nuevo Mundo,* señala a propósito del uso de metales entre los naturales: "Carecen del acero y hierro, pero oro, plata, estaño, plomo y latón (bronce) los tienen en abundancia. Cualquiera de estos metales, en bruto, fundido, forjado o artísticamente transformado en joyas de todas clases, los hallará fácilmente".[2]

De lo anterior, se concluye que la actividad minera en el aspecto de obtención de metales y de su beneficio era ya conocida y practicada por los pueblos del Anáhuac. Fernández del Castillo afirma que los aztecas hacían ya el laboreo de las minas en forma rudimentaria. "Al encontrar una veta generalmente a poca profundidad, prendían grandes fogatas para fundir el metal".[3] Santiago Ramírez, por su parte, afirma "se puede asegurar en buena crítica que el oro y la plata que tuvieron los aztecas fue obtenido de extracciones de cortas profundidades y sin otro tratamiento metalúrgico que el lavado o la simple calcinación".[4]

Señala Miguel León-Portilla la existencia de numerosas referencias sobre la obtención de metales en el México prehispánico, muchas refieren que se "*cogía lavando las arenas de ciertos*

[1] Fernández del Castillo, *op. cit.*, p. 4.

[2] Pedro Mártir de Anglería, *Décadas del Nuevo Mundo*, t. II, México, Porrúa, 1964, p. 478.

[3] Fernández del Castillo, *op. cit.*, p. 4.

[4] Santiago Ramírez, *La minería en México*, México, Oficina Tipográfica de la Secretaría de Fomento, 1884, p. 27.

arroyos"[5] sin soslayar el hecho de que se hicieran excavaciones de alguna profundidad, como se señala en la *Relación de Tepeucila*.[6]

Pachuca en 1858, captada por la lente de Pal Rosti —la primera imagen del antiguo Real de Minas.

El criterio de Anglería sobre el uso de los metales preciosos conocidos por nuestros indígenas, es compartido por diversos autores antaño y hogaño, quienes consideran que tal práctica no pasó de ser "más allá de una simple actividad por la que se obtenían las materias primas para la joyería en el adorno de templos o palacios y en algunos casos de carácter personal, pero su uso no se generalizó

[5] Bernal Díaz del Castillo, *Historia verdadera de la conquista de la Nueva España*, Barcelona, Círculo de Lectores, 1971, p. 325.

[6] Miguel León-Portilla, *La minería y metalurgia en el México antiguo*, México, Universidad Nacional Autonóma de México, 1978, p. 19.

entre la masa de la población, bien fuera por su rareza, bien por prohibirlo la pragmática suntuaria".[7]

Probablemente debido a la marginal utilización de los metales preciosos en el México prehispánico, se justifiquen pasajes como aquel, narrado por Bernal Díaz del Castillo, en el que alude al resultado de las exploraciones que realizó Gonzalo de Umbría, cuando enviado por Cortés a buscar minas en la región central del Anáhuac, señala: "Así mismo trajeron consigo a dos principales que obsequiaron un presente de oro hecho en joyas [...] y Cortés se holgó tanto con el oro, como si fueran treinta mil pesos y a los caciques que le trajeron el oro, les mostró mucho amor y les mandó dar cuentas verdes de castilla [...]"[8] huelgan los comentarios.

La información resulta fundamental para determinar con precisión la práctica de las actividades mineras de extracción y aún más de acciones metalúrgicas bien desarrolladas en el periodo prehispánico, aunque reducidas debido a la circunstancial utilidad de los metales.

Minería y metalurgia

Para entender con mayor exactitud la situación experimentada en esta área de la economía tanto en Europa como en América, resulta indispensable entender la diferencia entre los términos *minería* y *metalurgia*, que, no obstante pertenecer a la misma rama del conocimiento, son sustancialmente diferentes, aunque sí complementarios. La minería suele definirse como la extracción o explotación

[7] Diego López Rosado, *Historia de la economía en México*, México, Pomarca, 1965, p. 8.

[8] Bernal Díaz del Castillo, *op. cit.*, p. 327.

tanto de elementos y compuestos metálicos como no metálicos, en tanto que la metalurgia alude al arte o ciencia de beneficiar los minerales extraídos para obtener de ellos los metales y disponerlos para su ulterior empleo en la fabricación de instrumentos y utensilios de diversa índole.

Aunque los trabajos de metalurgia suponen la existencia anterior de los de minería, puede darse el caso de encontrar metales en estado nativo que no requieren una auténtica minería y, por otra parte, la explotación de algunos compuestos no metálicos elimina las actividades metalúrgicas posteriores, de donde se deduce que puede existir minería sin metalurgia y viceversa.

Hecha la distinción anterior, penetremos en el mundo de la minería precolombina, de la que por cierto existen pocos datos, tanto documentales como arqueológicos. Para el primer caso, las fuentes son sumamente escasas; apenas podemos subrayar la existencia de algunos códices debidos a la mano indígena como la Matrícula de Tributos, los códices Mendocino, Azoyú, Florentino, Xólotl, Tlotzin, y el lienzo de Jucutácato, a los que se agregan el *Códice Matritense* redactado en idioma indígena por los informantes de fray Bernardino de Sahagún, las obras de Bernal Díaz del Castillo y Hernán Cortés, así como las relaciones geográficas, portento de información económica del siglo XVI.

La arqueología es más parca aún, tanto por lo limitado de sus acciones, como por lo reducido —territorialmente— de su investigación, de ella destacan los trabajos de Pedro Hendrichs, realizados en 1940, y los más recientes de Adolfo Langenscheidt, los primeros en el camino de Poliutla a Tlapehuala en la cuenca del Balsas, y los segundos en la Mesa del Soyatal en Sierra Gorda de Querétaro.

La escasez de fuentes en la materia ha dado pábulo a hipótesis de poca seriedad científica, que han originado, en la mayoría de las ocasiones, un verdadero caos en la concepción minero-metalúrgica de este periodo. Por ello sería difícil localizar con exactitud el momento del inicio de actividades mineras y, aún más, de las metalúrgicas. Por los datos que se obtienen de la investigación realizada hacia 1969, en la comarca minera del Soyatal, ubicada en la sierra de Querétaro a cargo de la comisión que encabezara Adolfo Langenscheidt, se ha podido determinar que, "hubo minería en el México antiguo desde antes de la era cristiana, es decir, a partir de la última etapa del periodo preclásico. Y aun cuando queda mucho por elucidar en este punto, cabe afirmar también que entre los minerales que se buscaban, figuraban el cinabrio y calcita".[9]

La metalurgia, en cambio, es más reciente, su inicio se aproxima al siglo X d. C., 400 años después de que se originara en los pueblos sudamericanos, de donde partió, en un lento proceso de influencia, hacia Mesoamérica.

> Tanto las fuentes escritas, como los estudios arqueológicos, permiten asegurar que los pueblos mesoamericanos obtuvieron y explotaron diversos metales, como el oro, extraído de múltiples sitios ubicados en Oaxaca, Guerrero, Michoacán y en la región central; la plata se conseguía en el territorio de las hoy entidades de Hidalgo y Guerrero; el cobre, en la región de Michoacán; finalmente, el plomo y el estaño eran obtenidos de diversos puntos.[10]

[9] Miguel León-Portilla, *Toltecáyolt*, México, Fondo de Cultura Económica, 1980, p. 350.

[10] Miguel León-Portilla, *La minería en México*, México, Universidad Nacional Autónoma de México, 1978, p. 20.

Pachuca y la minería prehispánica

Situada a unos 85 kilómetros al noreste de la actual capital de la República Mexicana, al pie de una vertiente meridional y circundada por una cadena de macizos montañosos, se encuentra Pachuca, punto fundamental en el marco de referencia de nuestro estudio, por haber sido allí donde Bartolomé de Medina descubrió su innovador sistema metalúrgico de beneficio.

La importancia del lugar como productor de metales, principalmente plata, se remonta aparentemente a la época precolombina, como se desprende de la interpretación de diversas fuentes bibliográficas. Para Julio Ortega Rivera, autores clásicos, como Mariano Veytia y Diego Durán, permiten llegar a la conclusión de que las minas de la Comarca de Pachuca y Real del Monte se trabajaron a partir de la etapa tolteca.[11]

Otro grupo de investigadores estima que el hecho debió comenzar después de la conquista azteca, realizada entre los años 1427 y 1440, que corresponden al gobierno del emperador Itzcóatl, quien después de formalizar la Triple Alianza se dio a la tarea de adjudicar al imperio las posesiones que tenían cada aliado antes de formar parte de la coalición —señoríos de Tlacopan, Texcoco y Tenochtitlan—, tal como sucedió con Pachucan, población donde se afirma que en este periodo empezaron a trabajarse algunas minas, entre ellas la del Xacal o Jacal, que más tarde se conoció con el nombre de San Nicolás.[12]

[11] Julio Ortega Rivera, "Pachuca, su historia y su arqueología", en *Teotlalpan*, Boletín n. 1 del CEHINAC, Pachuca, México, 1977, p. 36.

[12] Luis Azcue Mancera *et al.*, *Catálogo de construcciones religiosas del estado de Hidalgo*, t. II, México, Secretaría de Hacienda, 1942, p. 46.

Posiblemente, debido a esta información, el doctor Miguel León-Portilla establece la posibilidad de una incipiente actividad minera en la comarca, siguiendo con ello la tesis del ingeniero Santiago Ramírez, quien afirma:

> Conforme a una relación presentada al virrey de México, impresa en 1643, y una Memoria publicada en Madrid en 1646, se sabe que las minas de Pachuca fueron explotadas por los aztecas por medio del fuego. Los españoles que fundaron cerca de allí, con el nombre de Pachuquilla, la primer ciudad cristiana de México, aseguran haber encontrado numerosas excavaciones poco profundas, que no presentaban la más ligera señal de herramienta minera.[13]

Los datos proporcionados por las fuentes de Santiago Ramírez, sin embargo, no han podido ser corroborados, ya que hasta la fecha no existe ningún estudio arqueológico serio que arroje luz sobre este hecho que permanece, más bien, en el terreno de la conjetura y se mueve entre la leyenda y la tradición oral popular, lo que ha dado pábulo a muchas especulaciones.

Sobre la descripción del beneficio de la plata, por *fuego* al que alude Ramírez, se cuenta con una somera descripción realizada por Francisco de Jerez en su obra *La conquista del Perú*, publicada en 1534, en la que le designa con el nombre *torrefacción*, que consistía, dice, en prender fuego sobre la roca conteniente del metal en el mismo lugar en el que le hallaba naturalmente; después, se enfriaba bruscamente con chorros de agua, a fin de provocar que con su destemplamiento, pudiera fraccionarse más fácilmente en trozos de los que se seleccionaba pequeños de los que seleccionaban a los

[13] Santiago Ramírez, *op. cit.*, p. 26.

de mayor contenido metalífero que recogían mediante la acción llamada *pizca*; pero como aquellas pociones de roca tenían muchas impurezas, molían los pedazos con morteros hasta fraccionarlos en diminutas porciones, que eran finalmente refinadas en pequeños hornos, generalmente de barro (a veces de piedra), con dos orificios dispuestos uno en la parte superior para soplar aire y otro en la inferior para la salida del metal en estado semilíquido que después licuaban con más altas temperaturas en crisoles de arcilla hemisféricos, y con el auxilio de moldes de arcilla, piedra o arena, confeccionaban los vaciados de diversas piezas destinadas a usos varios.[14]

El proceso observado por Francisco de Jerez en Perú fue también el utilizado en Mesoamérica, como se observa en las ilustraciones de los códices Xólotl, Tlotzin y Mendoza.

Imágenes de la metalurgia prehispánica.
De izquierda a derecha, *códices Xólotl, Tlotzin* y *Mendoza.*

Independientemente de la conclusión a la que pueda llegarse en relación con la posible actividad minera en la comarca Pachuca-Real del Monte durante el periodo prehispánico, es conveniente señalar que tanto los trabajos de explotación como los de beneficio, fueron actividades conocidas por los aborígenes americanos al mo-

[14] Modesto Bargalló, *La minería y la metalurgia en la América española durante la época colonial*, México, Fondo de Cultura Económica, 1955, p. 33.

mento de la Conquista, quienes utilizaban los mismos principios conocidos entonces en el Viejo Continente.

La minería en Pachuca a principios del Virreinato

A pesar de las muchas aseveraciones sobre la probable actividad minera durante el periodo prehispánico en la comarca de Pachuca, lo cierto es que las noticias existentes hasta la fecha son determinantes para afirmar que en los primeros años de Virreinato —1521 a 1550— no existían minas ni actividades relacionadas en la región, lo que se deduce de la más antigua relación que se conoce de la comarca, obtenida de la *Suma de Visitas*, que publicara Francisco del Paso y Troncoso, en 1905. Para los investigadores estadounidenses Woodrow Borah y Sherburne Cook, dicha descripción fue producto de una minuciosa inspección tributaria, que realizara el gobierno virreinal entre 1547 y 1550, periodo al que habremos de atenernos para determinar la antigüedad de su relato.[15] La cita es por demás ilustrativa de la situación de la comarca:

> Pachuca, México. En Antonio de la Cadena.—Este pueblo está a doze *[sic]* leguas de México, en la sabana de Guaquilpan; tiene dos estancias que se dicen Tlabalilpa y Calihuacan, son todos (*fol. 127 vto.*) ciento y sesenta casas y en ellas ay quatro cientos y treinta y dos hombres casados son muchachos; son otomíes y macehuales; y más ciento y treinta y siete solteros y doscientos y sesenta y cuatro muchachos, tiene de largo dos leguas y legua y media de ancho,

[15] Sherburne Cook y Woodrow Borah, *Ensayos sobre la historia de la población México y el Caribe*, México, Siglo XXI Editores, 1977, p. 41.

> colinda al norte con Atotonilco y al sur con Tlaquilpa y al lest *[sic]* con Zapotla y al oeste con Acayuca; tiene en un valle buenas tierras de seca, está poblado en unas laderas tiene muy buen monte; viven de sus sementeras y magueyales y tunales; es tierra seca tienen un arroyo del que beben siete mil ovejas que ay en el pueblo; *no tienen dispusición de haber minas de ningún metal.* Está de las minas de Yzmiquilpa a doce leguas.[16]

De conformidad con los datos consignados en esta Relación, puede concluirse que al menos hasta finales de la primera mitad del siglo XVI —1547 a 1550— Pachuca fincaba su economía en la agricultura y el pastoreo de algunas especies menores, pues para entonces, como se indica en el documento, "no tenía minas de ningún metal", cita es también un elemento más que coadyuva a fortalecer la duda, sobre el trabajo minero en el periodo prehispánico en la región, pues es imposible concebir que las minas supuestamente explotadas por los aztecas, hubieran dejado de labrarse a la llegada de los españoles, quienes precisamente cuidaron muy bien de localizar los lugares donde se trabajaba la obtención de minerales, por otro lado, resulta imposible pensar que no se hubiera conservado aquí tradición minera alguna.

El descubrimiento de los primeros fundos mineros en Pachuca, hacia 1552, puede considerarse tardío si se toma en cuenta que, ya en 1525, se habían iniciado trabajos en los yacimientos argentíferos propiedad de Álvaro Morcillo, en Jalisco; los de Taxco, en 1534; los de Zacatecas, en 1546, y los de Guanajuato, en 1548; sin contar tempranas explotaciones en Sultepec, Tlalpujahua y Compostela en Nueva Galicia, sólo por mencionar los más importantes.

[16] Francisco del Paso y Troncoso, *Suma de visitas*, Madrid, Sucesores de Rivadeneyra, 1905, p. 175.

En el caso de Pachuca, todo indica que los primeros descubrimientos se efectúan al inicio de la segunda mitad del siglo xvi, lo que se deduce de diversos documentos, uno de ellos derivado de una deliciosa descripción de estas minas escrita por un autor anónimo entre finales del siglo xvi y principios del xvii, que dio a conocer Luis Torres de Mendoza, en 1868, en la que se lee:

> Alonso Rodríguez de Salgado, mayoral de una estancia de ganado menor, hizo el tal descubrimiento de minas andando, repastando en el término del pueblo de Pachuca cerca de una estancia de cabras de Tlahuelilpan, en las laderas de dos grandes cerros, llamados el uno de la Magdalena y el otro Cristóbal, que tienen las cumbres coronadas de peñas vivas como crestas, y de mucha vetería que corre de levante a poniente. Registró la mina descubridora y otras de México, ante Gregorio Montero, escribano mayor de minas. Año de mil y quinientos y cincuenta y dos a veintinueve de Abril.[17]

La referencia, como podrá observarse, es un portento de información sobre este histórico acontecimiento en la minería pachuqueña. No obstante, a la luz de los documentos procedentes de este periodo, saltan diversas dudas sobre su veracidad; ya que si bien por un lado, la existencia de Alonso Rodríguez de Salgado en la comarca se corrobora con diversos testimonios, hallados en el Archivo Histórico del Poder Judicial del Estado de Hidalgo,

[17] Anónima, "Descripción de las minas de Pachuca", contenida en el tomo IX de la colección de *Documentos inéditos relativos al descubrimiento, conquista y organización d las antiguas posesiones españolas d América y Oceanía*, publicada por Luis Torres de Mendoza, Madrid, Imprenta Frías y Cía. Misericordia 2, 1868, pp. 192-209.

desde luego posteriores a la fecha del primer registro[18] existe, sin embargo, cierta incongruencia en relación con Gregorio Montero, atribuido Escribano de Minas, pues resulta ilógica, en 1552, la existencia de autoridades en materia minera para asentar denuncios en un lugar donde supuestamente no existían entonces "minas de ningún metal". Tampoco obra huella alguna en el archivo de referencia del paso de Montero por esta comarca. Cabría entonces la posibilidad de que tal oficio lo desempeñara en la ciudad de México, el centro de población más importante en las cercanías del que a partir de entonces se convertiría en Real de Minas, pero de la documentación contemporánea a tal hecho existente en el Archivo de Notarías de la Ciudad de México tampoco se encontró el nombre de Gregorio Montero ejerciendo tal cargo, aunque sí existen asientos de diversas operaciones realizadas por tal personaje, pero en años anteriores a la fecha del descubrimiento y ninguno durante ese periodo.[19] La interrogante sobre la veracidad de los datos derivados de la Relación Anónima y de sí fue Alonso Rodríguez de Salgado el primero en denunciar las minas de Pachuca el 29 de abril de 1552, enfrenta estas dudas.

Otra versión sobre la misma noticia procede de la relación de Andrés Tapia quien, sin señalar fecha alguna, escribe: "Ilustres varones que el Señor Emperador Carlos Quinto envió a Andrés de

[18] Documentos diversos. Ramo: Minería, asientos notariales de este personaje en la documentación del Archivo Histórico del Poder Judicial del Estado.

[19] Agustín Millares Carlo y José Ignacio Mantecón, *Índice y extractos de los protocolos del Archivo de Notarías de México, D.F.*, t. II, extractos 1835, 1852, 1778, 2106, 2107, 2235, 2276, 2278, 2350, 2475 y 2481, México, El Colegio de México, 1946.

Tapia con el Capitán Constantino Bravo de Lagunas quien fue el primer descubridor del Mineral de Pachuca y Real del Monte…".[20]

Baltasar Dorantes de Carranza, otro cronista de la época, también sin señalar una fecha precisa, aborda al tema de la siguiente manera "Juan Ciciliano *[sic]*, conquistador, que tuvo grandes cargos de justicia y fue quien descubrió la mina rica Ciciliana *[sic]* de Pachuca".[21] A esta nota, Fernández del Castillo agrega: "Parece que algún envidioso le metió pleito por el fundo, al ver que era muy rico; y estaban en el juicio cuando el día menos pensado se hundió la mina y todos perdieron".[22]

La residencia en Pachuca tanto de Constantino Bravo de Lagunas como de Juan Ciciliano, tiene como respaldo un buen número de documentos suscritos por ambos personajes durante la sexta y séptima década del siglo xvi,[23] de allí el valor de las reseñas de Andrés de Tapia y Dorantes de Carranza cuyo problema fundamental es carecer de fecha; sin embargo es factible considerar que tal acontecimiento pudiera ocurrir a finales de 1551, como lo apunta Trinidad García,[24] o durante 1552, pues para 1553 —año a partir

[20] Citado por Francisco Fernández del Castillo, *Tres Conquistadores y Pobladores de la Nueva España*, publicaciones del Archivo General de la Nación (en lo sucesivo, AGN), t. XII, México, Secretaría de Gobernación, Talleres Gráficos de la Nación, 1927, p. 201.

[21] Baltasar Dorantes de Carranza, *Sumaria Relación de las Cosas de la Nueva España*, México, Biblioteca Porrúa n. 87, Porrúa, 1987, p. 150.

[22] Francisco Fernández del Castillo, *Algunos documentos nuevos sobre Bartolomé de Medina, op. cit.*, p. 14.

[23] Sobre Juan Ciciliano, obran en el Archivo Histórico del Poder Judicial del Estado de Hidalgo, por lo menos, dos documentos suscritos en Pachuca en el año 1571 y una extensa serie de comparecencias de Constantino Bravo de Lagunas, que abarcan de 1556 a la última década del siglo xvi. Algunos de relación directa con el propio Bartolomé de Medina.

[24] Trinidad García, *Los mineros mexicanos*, 3° ed., José A. García (ed.) México, Porrúa, 1970, p. 182.

del cual se inicia en la documentación del Archivo Histórico del Poder Judicial del Estado de Hidalgo— los denuncios de minas, se sucedían vertiginosamente. En efecto, como el primer testimonio encontrado en este repositorio consigna el denuncio que formuló Francisco Pérez de Gavilanes de dos minas, una ubicada en el cerro de San Pedro junto al arroyo y la mina propiedad de Juan Téllez y la otra en el cerro de San Julián junto a la mina de Diego Téllez.[25] De modo que para el 01 de julio de 1553 fecha de este asiento, había ya varias minas registradas en Pachuca entre otras las de Juan y Diego Téllez, lo que da idea de la anterioridad en el trabajo de los fundos del lugar, que hacia 1550 aproximadamente vivía aún de la agricultura y el pastoreo.

Antiguo Real de Pachuca, cuyas minas se descubrieron hacia 1552, fotografiado hacia 1890.

[25] Archivo Histórico del Poder Judicial (en lo sucesivo, AHPJEH), ramo Minería (se trata del documento más antiguo), 1° de julio de 1553.

Es pues imposible determinar con precisión la fecha exacta y aun el año del descubrimiento de las minas de Pachuca, aunque hermenéuticamente puede deducirse que fue el de 1552, el año más cercano a tal acontecimiento, de acuerdo a los datos conocidos hasta ahora y queda en reserva el día y mes de tan fausto suceso.

Otro hecho trascendental en la vida de esta comarca fue el descubrimiento de las primeras vetas en Real del Monte, que en el propio 1552 realizó Alonso Pérez de Zamora.[26] Históricamente, aquellas minas fueron por lo menos hasta la primera mitad del siglo XIX, las más productivas de la región. A pesar de ello, Real del Monte ha tenido siempre el carácter de población subordinada a Pachuca, tal vez Merced a que la ubicación de ésta última brindó mejores posibilidades para el establecimiento de haciendas de beneficio y para la instalación de las oficinas públicas de la comarca.

La cercanía de las minas de Pachuca con la ciudad de México y la bonanza de la que gozaron en los años inmediatos a su descubrimiento, mucho contribuyó al auge de esta región y al rápido crecimiento poblacional de los Reales del Monte de Atotonilco el Chico —hoy Mineral del Chico—, de Arriba —actualmente, pueblo de San Miguel Cerezo— y de Tlahuelilpan —hoy Pachuca— todos integrados a la comarca conocida con el nombre de minas de Pachuca, como puede comprobarse en las descripciones de la época, pero sobre todo en los asientos del archivo parroquial del templo de Nuestra Señora de la Asunción, en los que se evidencia el origen foráneo de un gran número de los llamados *advenedizos*.[27] Así

[26] Anónima, "Descripción de las minas de Pachuca", *op. cit.*, t. IX, p. 197.

[27] Archivo de la Parroquia de la Asunción —la mayoría de los bautizos y matrimonios de esta época corresponden a indígenas y españoles, pero vecinos de poblaciones diversas, lo que da idea de que, al descubrirse las minas de esta región, el lugar se llenó de advenedizos, palabra que se usa en los documentos de ese repositorio para designar a quienes no habían nacido en Pachuca.

mismo se observa que los solicitantes de los servicios bautismales, matrimoniales y de defunción, crecieron exponencialmente en los años siguientes al del descubrimiento.

Real del Monte, pintura Eugenio Landesio (1857). Antiguo Real cuyas minas comenzaron a explotarse al igual que las de Pachuca hacia 1552.

Hacia 1550, Pachuca contaba con apenas 437 tributarios, como se concluye de la noticia sobre el lugar se consigna en la *Suma de Visitas* dada a conocer por Francisco del Paso y Troncoso, pero hacia 1560, ocho años después de los primeros denuncios, la *Relación de Tasaciones* señalaba la existencia de un total de 2 200 habitantes.[28] Las cifras pueden considerarse pequeñas si se les compara con las observadas en la actualidad, pero si se acude a las tasas de crecimiento del siglo XVI, periodo en el que la población indígena,

[28] Francisco del Paso y Troncoso, Relación de tasaciones, *op. cit.*, p. 165.

azotada por cruentas y frecuentes epidemias, cayó en una franca y acelerada disminución, podrá concluirse que el incremento en el caso de las Minas de Pachuca fue realmente considerable, dado que cuadruplicó —en poco menos de diez años— su población.

Otros aspectos que deben tomarse en cuenta para entender la situación que experimentó en aquellos años el Real de Minas de Pachuca[29] fueron, en primer término, su elevación a sede de la Alcaldía Mayor de la comarca, para la que se designó Escribano Real a partir de 1556,[30] otro motivo revelador de la importancia del lugar fue la construcción de una primigenia Caja Real destinada a la guarda de los reales impuestos que los mineros pagaban a la Corona, por otra parte el crecido número de feligreses, hizo necesario que en 1560 erigir al templo de la Asunción en Parroquia,[31] todo ello favoreció el arribo de decenas de comerciantes, artesanos técnicos y profesionistas, indispensables para la buena marcha de la economía de la región, lo que aunado a la cercanía con la capital del virreinato fue determinante para el auge y la relevancia con la que Pachuca cobró sobre otros Reales de Minas más antiguos en la Nueva España.

Gracias al gran caudal de información que se conserva en el Archivo Histórico del Poder Judicial del Estado, relativa al periodo 1553-1560, puede también deducirse el desarrollo económico

[29] De acuerdo con la Legislación Española, se dio el nombre de *Real* a todos aquellos lugares donde se descubrieron minas de cualquier metal, significando con ella que eran tierras de sus Reales Majestades, las que la propia Corona concesionaba a particulares para que la explotaran, bajo los requisitos establecidos en las ordenanzas respectivas.

[30] Según la documentación del Archivo Histórico del Poder Judicial, fue Esteban Martín Vázquez quien ejerció tal oficio a partir de 1556.

[31] Azcue Mancera, *op. cit.*, p. 78 (La Asunción fue construida en 1553 y, para 1560, se le erigió en parroquia). Documentación del Archivo Histórico el Poder Judicial del Estado.

operado en la comarca durante aquellos años: "Cartas Obligación", relativas a créditos; "Denuncios" de un sinnúmero de minas; "Compraventas", "Sucesiones", etc., suscritas, en su mayoría, por españoles, corroboran la relevancia de aquel Real de Minas.

Fue aquel un momento crucial, caracterizado por la prodigalidad en la recepción de gambusinos, en su mayoría peninsulares, que rápidamente poblaron este lugar, dedicándose a los trabajos de extracción, con lo que se operó la transformación de la otrora región agrícola —hasta 1550— a otra minera, que conmovió profundamente la vida de quienes le habitaban y aún a los de lugares vecinos. En principio escaseó la mano de obra especializada, dado que la vocación de la región se había sustentado fundamentalmente en el pastoreo y la siembra de maíz, por lo que se hizo necesario contratar operarios de otros minerales, sin embargo, pronto los antiguos agricultores y pastores se incorporaron al trabajo extractivo, aunque con notorias deficiencias debido a la falta de experiencia, situación que abarató su ocupación, de donde resultó un atractivo más para que los inversionistas mineros, voltearan hacia las minas de esta región.

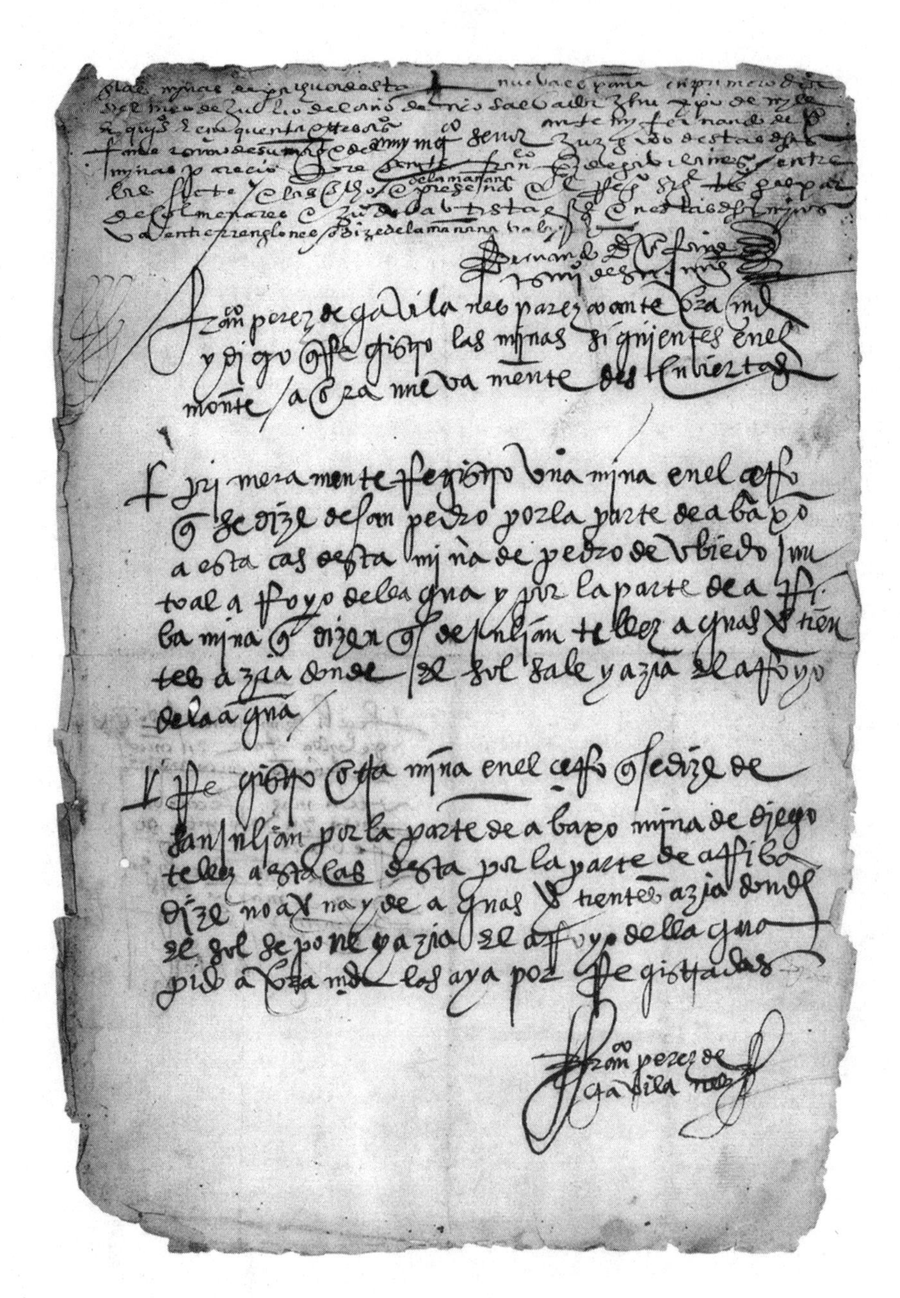

Versión paleográfica del primer documento
que obra en el Archivo Histórico del Poder Judicial del Estado de Hidalgo.

En las minas de Pachuca de esta nueva España en primero del mes de Julio del año de nuestro salvador Jesú Cristo de mil e quinientos e cincuenta y tres años. Ante mí Fernando de Villafañe escribano de Su Majestad e de muy magnífico señor juzgado de estas dichas minas pareció presente Francisco Pérez de Gavilanes, ente las siete y las ocho de la mañana e presentó el registro siguiente.

testigos Gaspar de Colmenares y Joan de Bautista estantes en estas minas Fernando de villafaña escribano de Su Majestad.

Francisco Pérez de Gavilanes, parezco ante vuestra merced e digo que registro las minas siguientes, en el monte ahora nuevamente descubiertas.

Primeramente, registro una mina en el cerro que se dice san Pedro por la parte de abajo a estacas de la mina de Pedro de Oviedo junto al arroyo pegado delaqua y por parte de arriba (la) mina que dicen es de Julián Téllez aguas vertientes hacia donde el sol sale y hacia el arroyo delaqua [sic].

Registró otra mina en el cerro que se dice san Julián por parte de abajo de la mina de Diego Téllez a estacas de esta por la parte de arriba, que dice no haber nadie aguas vertientes hacia donde el sol se pone hacia el arroyo delaqua [sic] *pido a Vuestra Merced las saya por registradas.*

La metalurgia novohispana

A pesar de los muchos denuncios y bonanzas suscitadas durante este periodo en toda Nueva España, la minería no había podido arrojar dividendos esperados por la Corona Española, debido sobre todo a que los sistemas de beneficio mineral traídos de Europa por los conquistadores, eran tan rudimentarios como los que conocían y practicaban aquí los naturales americanos; esto obligó al gobierno hispano a poner en práctica una política innovadora que permitiera una mayor participación de la sociedad en el desarrollo de la minería y la metalurgia de sus posesiones en el Nuevo Continente, en consecuencia se inició un paulatino alejamiento de la tendencias europeas y aunque esa estrategia dio mayor personalidad a las creaciones artísticas y literarias, no pudo favorecer a las técnicas de explotación de las ingentes riquezas de la Nueva España o el reino de Perú, cuya colonización había emprendido El desconocimiento de esas técnicas hubieran evitado la serie de tanteos de los primeros mineros, que por cierto han merecido severas críticas de los cronistas e historiadores de Indias y de cuantos han estudiado este periodo y la metalurgia hispanoamericana.[32]

Para mediados del siglo XVI, la situación de la minería, por lo menos en la Nueva España, era verdaderamente crítica, así lo asegura Francisco Cervantes de Salazar en una petición al soberano español, "el trato de las minas decayó grandemente y la tierra con él"[33] y agregaba que el sistema de trituración y de hornos utilizados entonces, había empobrecido el patrimonio de los mineros, quienes

[32] Modesto Bargalló, *La minería y la metalurgia…*, *op. cit.*, pp. 22-23.

[33] Francisco del Paso y Troncoso, *Epistolario de la Nueva España*, t. II, México, Antigua Librería Robredo, 1940, p. 118. El documento 659 es relativo a la política de la Ciudad de México sobre el repartimiento general y perpetuo de la Nueva España.

finalmente se vieron obligados a abandonar sus fundos e ingenios metalúrgicos, desalentando esta importante actividad económica del nuevo continente.

Modesto Bargalló, consigna la manera en que se realizaba el beneficio de la plata en los primeros años de la minería novohispana, bajo el sistema de fundición, se comenzaba —dice— por reducir el tamaño de las menas[34] con martillos, luego se procedía a su triturado y molienda mediante el uso de mazos o batanes o en molinos con una, dos o cuatro piedras voladoras sobre una solera, semejantes a los utilizados en España para triturar aceitunas, aunque —agrega— se empleaban también, atahonas o arrastras, provistas de cuatro pesadas piedras de basalto o pórfido, sobre una solera de tres metros de diámetro y sujetas a un eje vertical, por medio de dos travesaños en cruz, mazos y molinos eran movidos por caballerías, aunque en un principio se recurriera a la fuerza humana y cuando era posible, por fuerza hidráulica... Posteriormente, se procedía fundir la piedras trituradas en principio mediante pequeños hornos denominados *castellanos* que se alimentaban con carbón de leña, más tarde, estos hornos fueron sustituidos por otros de mayor tamaño llamados de reverbero, que se edificaban con adobes, en los que a diferencia de los castellanos, podía realizarse tanto la fundición como la copelación para a separación del oro y la plata, en el mismo horno. Tanto los procesos de trituración como los de los fuelles en la fundición y copelación se realizaban en principio de manera manual, hasta que la invención de Juan de Plazenzia, minero de Taxco, permitió que rastras y fuelles aprovecharan el uso de caballos y otras bestias de tiro.[35]

[34] Mineral sin limpiar tal como se extrae de la mina. En mina se separa la mena de ganga.

[35] Modesto Bargalló, *La minería y la metalurgia...*, *op. cit.*, p. 92.

El método, aparentemente sencillo, era en realidad complicado, costoso y tardado, pues independientemente de que las cantidades sometidas al beneficio eran pequeñas, requería a pesar de las mejoras introducidas por Plazenzia de gran número de operarios y de fuertes cantidades de leña o carbón, lo que mucho contribuyó a elevar sustancialmente los gastos del beneficio, encareciendo el producto terminal, oro o plata, depauperando la economía de los mineros americanos. De esta manera "la cantidad de plata obtenible en tales condiciones técnicas nunca hubiera sido suficiente para influir en la economía americana del siglo XVI"[36] y mucho menos coadyuvar a mejorar la de la endeudada Corona Española.

Poco a poco, el ingenio tanto de mineros como de metalurgistas fue cobrando agudeza y se introdujeron sustanciales cambios, mediante diversas invenciones como el diseño de nuevos hornos para fundición y copelación, la mecanización de la molienda y otras prácticas, sin embargo, poco fue lo que lograron para acortar tiempos y costes.

Fue precisamente esta situación la que orilló a Carlos V a instrumentar primero, toda una política proteccionista de la actividad minera a través de mecanismos que incentivaran la creación de nuevos descubrimientos metalúrgicos, mediante el ofrecimiento de jugosas Mercedes[37] a inventores y perfeccionadores de los sistemas de beneficio con lo que despertó la llamada *fiebre metalúrgica.* Es aquí donde aparece Bartolomé de Medina.

[36] Enrique Semo, *Historia del capitalismo en México,* México, Era, 1975, p. 38.

[37] Las Mercedes eran regalías que otorgaba la Corona por servicios prestado a España ya en la Conquista, ya en la colonización, así como en cualquier rubro que redundara en beneficios de sus súbditos.

Antecedentes del Método de Beneficio por Amalgamación

La circunstancia de que tanto los sistemas de beneficio practicados en los ingenios metalúrgicos de Europa y América, como también los inventos y adelantos logrados durante la primera mitad del siglo XVI, se hubiesen valido de experimentos eminentemente físicos, no significó que dejaran de buscarse métodos de orden químico para el refinamiento de los metales, fundamentalmente de la plata obtenida en grandes cantidades de los fundos novohispanos y peruanos.

Las promesas de la Corona española a quien encontrase un método más efectivo para el beneficio de la plata extraída de las minas americanas, aunadas a los ofrecidos por los Függer, generó la llamada *fiebre metalúrgica* suscitada tanto en Europa como en el nuevo continente Bartolomé de Medina no fue sino uno de tantos metalurgistas de la época, animado por encontrar un método más rápido y barato a través de una vieja práctica medieval que utilizaba para tal efecto el mercurio.

La búsqueda de un sistema de orden químico para el beneficio de la plata se sustentaba entonces en las antiguas descripciones, tanto de Marco Vitruvio Polión como de Cayo Plinio Segundo, mejor conocido como Plinio el Viejo, quienes informaban de cómo en la antigua Roma de los Césares, se había logrado amalgamar el oro para dorar el cobre con auxilio de mercurio y sal, así como separarlo de los vestidos confeccionados con hilo metálico de oro, aunque puede asegurarse también que los Romanos, nunca se ocuparon de amalgamar la plata, practica que sólo se conoció por los ensayos de alquimistas medievales. En el *Libro del Tesoro*, de Alfonso el Sabio, por ejemplo, se trataba ya de la preparación de la amalgama en general y más tarde se conocieron también prácticas de alquimistas medievales sobre diversos métodos para separar las mezclas de oro y plata utilizando ácido nítrico [...]".[1]

Pronto las descripciones de los gabinetes alquimistas un tanto esotéricas y en muchos casos verdaderamente pueriles, saltaron a las cartillas alemanas del siglo XVI, conocidas con el nombre de *Probierbüchlei* en las que se señalaban diversos ensayos para separar metales por la llamada "vía seca", entre ellos la fusión de las menas con alambres de hierro, argol y sal, así como un agregado de litargirio; para las menas de plata describían también cómo se recuperaba plata y oro de retazos de monedas a través de la adición de mercurio a los metales colocados en una vasija al introducir en su base ceniza caliente recogiendo después el mercurio excedente con una gamuza para después separar por fuego el azogue de la amalgama, etc.

No obstante que se trataba de prácticas aisladas, entusiasmados por algunos resultados prácticos de gabinete, los Függer enviaron

[1] Modesto Bargalló, *La minería y la metalurgia, op. cit.*, p. 107.

diversos metalurgistas al Nuevo Mundo a fin de experimentar en sus minas e ingenios, el novedoso método de las Cartillas alemanas, pero el fracaso fue rotundo al emplearlo para beneficiar las grandes cantidades de mineral continente de plata obtenido en los fundos americanos, como lo que se demostró, la inoperancia industrial de la amalgamación como se concebía entonces.

En la lista de metalurgistas empeñados en la utilización del sistema de beneficio por azogue, destacan Vannocio Biringuccio y George Bahuer, el primero autor del libro la *Pirotéchnica* y el segundo de la obra *De Remetálica* ambos textos considerados verdaderos portentos de información metalúrgica de la época que mucho debieron influir entre sus contemporáneos.

Ilustraciones del libro de Agricola, *De re-metallica*,
cuya edición primera en latín fue publicada en Basilea.

La *Pirotechnia*, de Biringuccio, publicada en 1540, dedica interesantes párrafos al método de beneficio por amalgamación para extraer plata y oro de las menas, con el auxilio de mercurio, sal común y otros ingredientes, como vinagre, solución de sublimado verdete y verdigris, fórmula a la que su autor le atribuyó pretensiones industriales.

Realmente, la invención o descubrimiento consignado en la *Pirotechnia* no fue original de Biringuccio, pues el mismo señala: "Deseando conocer este secreto di al que me lo comunicó una Corona de diamante con valor de veinticinco ducados, con la promesa de darle la octava parte de todo provecho que sacare de esta práctica y no lo digo para que se me recompense su enseñanza sino para que merezca mayor valor y estima".[2]

Aldo Meli, en su obra *Panorama general de la ciencia*, señala que, si bien el sistema de Biringuccio era realmente innovador y de pretensiones industriales, nunca se obtuvieron a través de su aplicación, resultados positivos, salvo en pequeñas cantidades, al separar oro y plata de monedas.

El otro autor, Georg Pawe o Bauer, mejor conocido por su nombre latinizado, Georgius Agricola, nacido en Glauchau, Sajonia, en 1494, es probablemente el más notable metalurgista de la primera mitad del siglo XVI".[3] Su obra máxima, *De re Metálica*, publicada en latín, en Basilea, hacia el año de 1556, es considerada un verdadero monumento de sabiduría y enseñanza práctica de la metalurgia, cuyo capítulo X está dedicado, precisamente, a la amalgamación a

[2] *Ibid.*, p. 110.

[3] Alberto María Carreño, en el prólogo a la edición de la obra de Gonzalo Gómez de Cervantes intitulada "La vida económica de la Nueva España al finalizar el siglo XVI", publicada por la Antigua Librería Robredo, dedica amplios párrafos a George Bahuer en sus pp. 39 a 41.

base de mercurio para separar plata y oro[4] e indica la posibilidad de que este método pueda aplicarse en el trabajo de refinamiento de las menas.

Para el investigador mexicano Alberto María Carreño, fue Agricola el alemán a que se refiere Medina en la carta de Xilotepec al señalar: "por cuanto yo tuve noticia en España de pláticas con un alemán, de cómo sacar plata de los metales sin fundición" y para el que solicitó pasaporte a fin de que viniera auxiliarle a Pachuca, sin embargo, hoy sabemos que esto era imposible, pues Bahuer no radicó nunca en Sevilla, ni en lugar alguno de España o América y gracias al propio Medina, sabemos que la persona a la cual se refería, era un alemán, llamado Lorenzo —a quien califica respetuosamente de Maestro— sin señalar apellido u otra seña que lo identifique.[5]

Es conveniente reparar aquí en un dato fundamental, cuando Agricola publicaba su obra en 1556, Medina había descubierto ya el sistema de patio y, para entonces, se practicaba en varias minas de Pachuca, Taxco, Sultepec, Tlalpujahua y, posiblemente, en Guanajuato, sin descartar otros sitios, de modo que el empirista le ganó la carrera al científico, Medina explicó su invención mediante la exposición de pasos e ingredientes utilizados, en tanto que Agricola expuso científicamente lo que sucedía en cada etapa de la amalgama, método que por cierto nunca practicó directamente en minerales extraídos de mina alguna.

Muchos fueron en España los contemporáneos de Biringuccio y Agricola, que ya sea siguiendo sus pasos o bien intentando dar los

[4] Mervyn Francis Lang, *El monopolio estatal del mercurio en el México colonial (1550-1710)*, México, Fondo de Cultura Económica, 1977, p. 39.

[5] Así se desprende del Memorial de 1563, mejor conocido como *Códice Bartolomé de Medina*, dado a conocer en 1927 por el doctor Francisco Fernández del Castillo. Por otra parte, el libro de Agricola se publica 1556, un año después del descubrimiento de Medina.

propios, se adentraron en la metalurgia a fin de hallar a través de la aplicación del mercurio o azogue, un método menos cotoso y más rápido para beneficiar minerales continentes de plata, pero ninguno logró hacerlo a niveles industriales, antes que el sevillano; las Mercedes y premios otorgados tanto por los virreyes en América, como por los monarcas españoles y de otras naciones europeas, así lo demuestran con claridad.

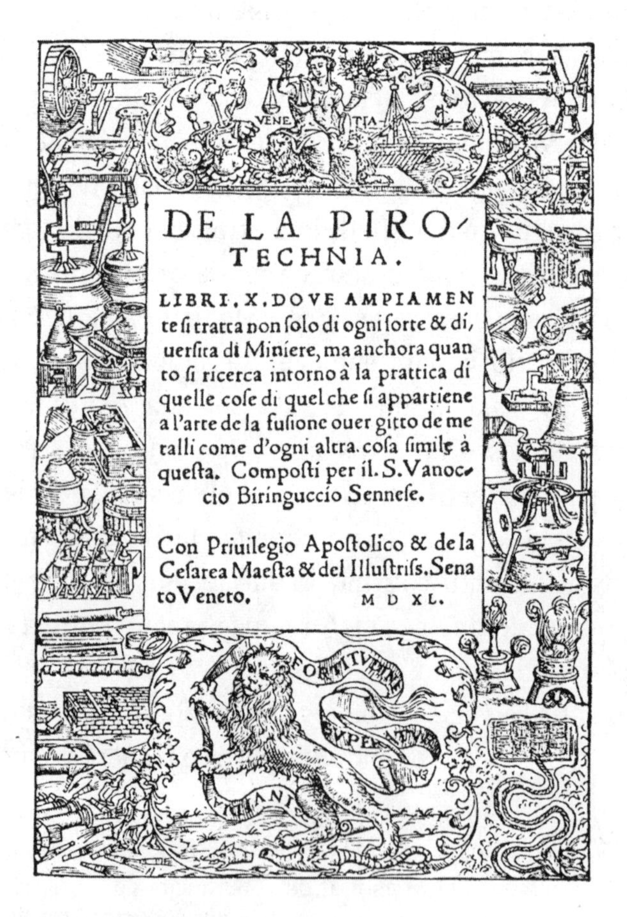

DE LA PIRO-
TECHNIA.

LIBRI. X. DOVE AMPIAMEN
te ſi tratta non ſolo di ogni ſorte & di-
uerſita di Miniere, ma anchora quan
to ſi ricerca intorno à la prattica di
quelle coſe di quel che ſi appartiene
a l'arte de la fuſione ouer gitto de me
talli come d'ogni altra. coſa ſimile à
queſta. Composti per il. S. Vanoc-
cio Biringuccio Senneſe.

Con Priuilegio Apoſtolico & de la
Ceſarea Maeſta & del Illuſtriſ. Sena
to Veneto. M D XL.

Otra ilustración del libro de Agricola, publicado un año después
del descubrimiento de Medina en Pachuca.

Bartolomé de Medina, un intento biográfico

Parece increíble que, no obstante la importancia que representó para la minería el descubrimiento de Bartolomé de Medina, su biografía permaneciera por más de cuatro siglos en el terreno de la duda y la imprecisión y haya sido objeto de leyendas no siempre afortunadas y estudios poco veraces, en los que se le confunde con algunos homónimos, tal es el caso del fraile dominico nacido hacia 1527 en Medina de Rioseco, España, considerado uno de los más ilustres teólogos en Salamanca, lugar donde murió en 1580, amigo de Fray Luis de León y de Santa Teresa de Ávila.[1]

Las equivocaciones se suscitan también en relación con la llegada del metalurgista a la Nueva España. Agustín Aragón y Leyva asegura que este hecho ocurrió en 1527, dato que toma de la lista de pasajeros llegados a Indias en el siglo XVI, pero la información resulta errónea, pues el Bartolomé de Medina que arribó en ese

[1] Enciclopedia Universal Ilustrada Europeo-americana, Espasa Calpe, t. 34, Bilbao, Madrid y Barcelona p. 127 y 128.

año "procedía de Valladolid y su llegada se efectuó a Yucatán"[2] independientemente de que este personaje no desarrolló actividad alguna relacionada con la minería.

Otra versión respecto de este mismo acontecimiento corre a cargo de Francisco Díaz de la Calle, quien afirma que su llegada, debió ocurrir en el año de 1554, dato que, si bien se encuentra más apegado a la verdad, parece haber sido fijado a la ligera, tomando como base estudios hermenéuticos realizados respecto de la inexacta fecha de 1557 como la del descubrimiento del sistema de amalgamación en Pachuca.

Toda controversia al respecto fue resuelta al encontrarse la importantísima relación de Juan Vázquez de Salazar, contenida en un documento que se encuentra en el Archivo de Simancas, España", reproducido por Francisco del Paso y Troncoso en su obra *Epistolario de la Nueva España* cuyo contenido es una petición de la Ciudad de México sobre el repartimiento general y perpetuo de la Nueva España" en el que se lee:

> *El trato de las Minas "decayó grandemente y la tierra con él hasta que también socorrió nuestro Señor a esta necesidad con que* el año de 1553, *vino aquí Bartolomé de Medina, que dio la primera orden del beneficio de los metales con azogue.*[3]

Vázquez de Salazar suscribió este documento el 30 de diciembre de 1570, es decir, quince años después del descubrimiento, y es clara muestra de la fama y celebridad que había cobrado para en-

[2] Boyd Bowman "Índice Geobiográfico de Cuarenta mil pobladores españoles de América en el siglo XVI". México, 1968. Ed. Jus. Tomo II, p. 351.

[3] Francisco del Paso y Troncoso, *Epistolario de la Nueva España*, t. XI, México, Porrúa, 1949, p. 118.

tonces Medina. Muy pocos autores han basado sus investigaciones acerca del sevillano descubridor a partir de esta información, que es fundamental para identificar al Medina metalurgista de entre los homónimos llegados al nuevo continente en el siglo XVI.

La mayor confusión se suscitó al encontrar y dar a conocer don Alberto María Carreño la profesión de religioso agustino de un Bartolomé de Medina, que por mucho tiempo se supuso era hijo del propio descubridor de la amalgamación, el documento señala: "Yo, Fray Bartolomé de Medina, hijo legítimo de Bartolomé de Medina y Catalina Rodríguez su legítima mujer, vecinos de la ciudad de Sevilla [...] fecha hoy 19 de abril de 1555"[4].

La suposición de que se tratase del descubridor del sistema de patio, fue desechada al conocerse en 1927 el llamado *Códice Bartolomé de Medina,* hallado paleografíado y dado a conocer por el doctor Francisco Fernández del Castillo integrado por varios documentos indubitables, relacionados con Bartolomé de Medina y su invento, uno de ellos una carta suscrita en Xilotepec en la que señala con precisión que vino a este continente "dejando en España mi casa mi mujer e hijos".[5] Lo que permitió deducir que vino solo y desde luego que ni tuvo un hijo religioso ni Catalina Rodríguez fue su Esposa.

Por otra parte gracias a la valiosa información desprendida de la documentación del Archivo Histórico del Poder Judicial, cuya clasificación e investigación se inició a partir de 1977, a los muy importantes datos que el investigador norteamericano Alan Probert logró reunir procedentes de los Archivos de Indias y Simancas hoy

[4] Alberto María Carreño, Comentarios a la obra de Gonzalo Gómez de Cervantes titulada *La vida económica y social de la Nueva España,* México, Porrúa, 1994, p. 47.

[5] Francisco Fernández del Castillo, *Algunos documentos..., op. cit.,* p. 72.

notoriamente ampliados, por el sevillano Manuel Castillo Martos, existe la posibilidad de desentrañar muchos aspectos sobre la biografía de este importante personaje en la historia de la ciencia y en particular de la minería mundial.

Hijo de Pedro de Medina y Teresa González,[6] Bartolomé de Medina nació en la ciudad de Sevilla, entre los años 1497 y 1504. El dato de la primera fecha se obtiene de una interesante comparecencia que realizó ante el escribano Pedro Morán en Pachuca, el 17 de diciembre de 1572, donde señaló, "ser de 75 años poco más o menos[7], en tanto que la segunda, se desprende de un documento suscrito a finales de 1563 o principios de 1564 dirigido a Felipe II, en el que manifiesta "según nuestra edad, que pasamos de 60 años".[8]

La falta de precisión en el señalamiento de la edad es uno de los vicios más frecuentes de la época, regularmente a los habitantes de aquellos años, poco les importaba declarar con exactitud este dato, aun cuando lo proporcionaran de manera oficial en comparecencias o documentos; es un hecho notorio que, si bien no desconocían del todo el momento extracto de nacimiento, poco importaba que lo ignoraran, de ahí que fuera común encontrar referencias como "poco más o menos", "aproximadamente", "algo como" y otras frases por el estilo, que revelan el poco cuidado que se ponía a estos aspectos y de ahí que en casos como el que nos ocupa exista una discrepancia de siete años en la fecha del nacimiento de Medina. no obstante que tal diferencia se produzca de dos aseveraciones suyas en dos diferentes momentos. Lo anterior obliga a sólo aproximar la fecha puntual.

[6] Manuel Castillo Martos, *Bartolomé de Medina y el siglo XVI*, Santander, Universidad de Cantabria, 2006, p. 40.

[7] AHPJEH, ramo Protocolos. Escribano Pedro Morán.

[8] Manuel Castillo Martos, *op. cit.*, p. 39.

Lo que está fuera de duda es que Sevilla, definida en esa época como la Nueva Babilonia, caracterizada por su riqueza y cosmopolitismo, así como por ser la puerta de Europa a las Indias, fue el hogar de Medina por más de cincuenta años, los últimos antes de su salida a América, vividos en la collación o barrio de Santa María Magdalena[9], ubicado a orillas del Río Guadalquivir,[10] territorio extendido entre la Torre de Oro y el recinto catedralicio de Sevilla.

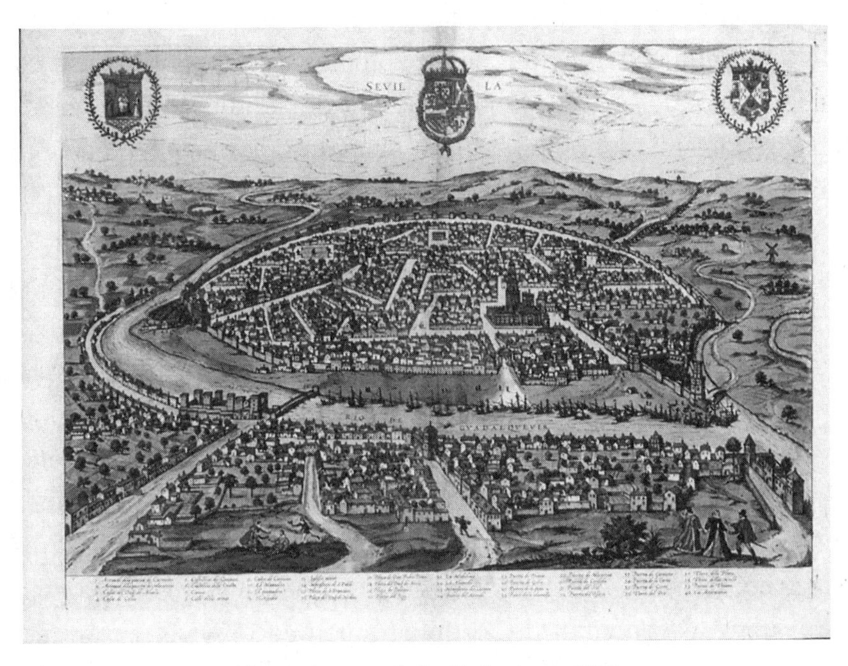

Plano *ad corpus* de Sevilla hecho en 1588.

[9] Es probable que Medina fuera quien bautizó al cerro ubicado al norte de Pachuca, en cuyas faldas estableció el centro de sus operaciones metalúrgicas a su llegada a esta ciudad y sitio donde construyó la hacienda que bautizó con el nombre de la Purísima Concepción (Purísima chica).

[10] Alan Probert, *En pos de la plata*, México, Gobierno del Estado de Hidalgo, 2011, p. 113. Traducción del artículo "The Patio Process the Sixteenth Century Silver Crisis", publicado en *Journal of de West*, núm. 1, vol. VIII, 1969.

Nada se sabe sobre su niñez y muy poco sobre su madurez, sólo se conocen datos aislados, obtenidos del testimonio de algunos de sus viejos amigos, uno de ellos Miguel de Zuazo, quien señaló haber conocido a Medina y a su familia en Sevilla hacia 1532, otro fue Andrés Gutiérrez, natural de Córdova y platero en Sevilla cuya amistad nació diez años más tarde",[11] según lo declararon ambos en la probanza de 1562.

En fecha aún no determinada, pero acaecida entre 1520 y 1525 como se deduce de la edad de Bartolomé su hijo mayor, casó con Doña Leonor de Morales, hija de Gómez de Morales e Inés Hernández de Morales, ambos sevillanos,[12] quienes aportaron al matrimonio como dote y arras nupciales "dos mil ducados de Castilla".[13]

Del matrimonio nacieron seis hijos, dos varones, Lesmes y Bartolomé ambos de Medina y cuatro mujeres Teresa de Medina, Francisca de Morales, Leonor de Alvarado e Inés de Medina".[14]

Teresa tomó el hábito de la orden de San Agustín en Sevilla, ciudad en la que Inés contrajo matrimonio, en fecha aún desconocida, en tanto que Francisca y Leonor acompañaron a su padre, cuando regresó con todos a Pachuca en 1567, ciudad en la que la primera contrajo matrimonio, con Antonio Carbajal, natural de Zamora España, hombre avezado en los negocios, que mucho influyó en la recuperación económica de Medina a partir de 1570, al convencerlo para realizar negocios de avío —préstamo de reactivación para negocios mineros— en Pachuca. Por lo que se refiere a Leonor, ésta

[11] Archivo General de Indias (en lo sucesivo, AGI). Probanza de B. Medina, del año 1562.

[12] AHPJEH, ramo Protocolo. Escribano Pedro Morán.

[13] *Ibid.*, comparecencia ante el alcalde Mayor de Pachuca, el 30 de diciembre de 1569.

[14] Manuel Castillo Martos, *op. cit.*, p. 40.

también contrajo nupcias en este Real de Minas con Antonio de la Cadena, hijo del primer matrimonio del encomendero de Pachuca, junto al que Bartolomé iniciaría la segunda Relación de Méritos.

Por lo que se refiere a los dos hijos varones, Bartolomé —el mayor— era piloto de barco y murió en 1557, cuando se trasladaba a Pachuca para reunirse con su padre, en tanto que Lesmes quien lo acompañó al regresar a Pachuca con toda la familia en 1567,[15] se convirtió en su brazo derecho, sobre todo en la segunda estancia de Medina en este Real.

Durante los primeros años de matrimonio y probablemente antes, Bartolomé de Medina se distinguió como comerciante porque supo aprovechar la estratégica ubicación de Sevilla, de ese periodo registra un alto volumen de transacciones de compra y venta tanto de productos ibéricos como extranjeros. Los documentos hallados por Probert revelan un buen número de operación con mercancías francesas de Rúen y Carcasonne *[sic]*, con estambres británicos y telas españolas.

Sevilla, "Puerta de España", se convirtió desde el inicio de la conquista y colonización de América en "el almacén" que concentraba mercancías destinadas a las Indias y recibía los retornos de allende el Atlántico.[16]

Todo indica que se afirmó como un importante agente de comerciantes extranjeros en Sevilla y que sus negocios lograron extenderse a América al registrar operaciones en la Ciudad de México. "Un buen negocio fue el que emprendió con la introducción en el

[15] AHPJEH, ramo Protocolos. Escribano Pedro Morán.

[16] Alberto Girard, *La rivalidad comercial y marítima entre Sevilla y Cádiz hasta finales del siglo xviii*, España, Centro de Estudios Andalucía / Ediciones Renacimiento, 2006, p. 59.

levante español de pieles de cabra de la costa berberisca que oscilaban entre las 15 mil y las 18 mil piezas".[17]

De comerciante a metalurgista

Cuando frisaba los 50 años, Bartolomé quiso coronar su carrera como comerciante al integrarse como socio de un importante "Sindicato de seguros marinos, donde por desgracia él y sus asociados perdieron mucho dinero hacia 1548 cuando un navío que había contratado con su empresa una aseguranza, antes de emprender un viaje a las indias, fue capturado por piratas en las afueras del Cabo Verde cuando anclaba para recoger esclavos que serían vendidos en el Nuevo Continente.[18]

La operación no sólo dejó en la ruina a Medina, lo peor fue que debió abandonar toda actividad comercial, pues de acuerdo con las prácticas mercantiles, perdió fama y credibilidad para realizar cualquier operación fiduciaria y de allí que se viera obligado a cambiar radicalmente el rumbo de su vida al transformarse de comerciante a metalurgista. El enigma no ha sido resuelto satisfactoriamente pues cualquier argumento resulta insuficiente para comprender el radical giro en sus actividades.

Sevilla no tenía entonces —ni ahora— una tradición minera, las vetas cuya explotación iniciaron los Függer a mediados del siglo XVI se encontraban en Guadalcanal a unos 110 kilómetros tierra adentro, pero para los años en que Medina radicaba en Sevilla, aquella población era apenas un reducto de antiguos musulmanes ya

[17] Alan Probert, *op. cit.*, p. 114.

[18] *Idem.*

que el trabajo minero, inició hacia el 1555, cuando Medina estaba ya en la Nueva España.

Sólo una explicación puede darse sobre este brusco viraje en la vida del que era un afamado comerciante en Sevilla, la difícil situación patrimonial que enfrenta la familia tras su fracaso en los seguros marinos, que le dejan endeudado y sin dinero. Situación muy similar a la sufrida por la Corona española, hipotecada en manos de los banqueros alemanes Függer y Welsar, pues de acuerdo con los estudios de Carande, los préstamos solicitados por Carlos V entre 1520 y 1556, ascendían ya a 29 millones de educados, por lo que el monto a pagar asedia ya a poco más de 38 millones incluidos los intereses.[19]

Las operaciones de ambos, el excomerciante y la Corona, desembocaron en un solo camino, la minería americana, importante por la gran cantidad de fundos descubiertos y trabajados, pero también aquejada por la raquítica producción de estos debido a la lentitud y altos costos el beneficio del mineral extraído.

En estas circunstancias, Carlos V lo intentó todo; primeramente otorgó diversas concesiones mineras a los Függer, quienes ante el fracaso de su explotación a causa del rudimentario sistema de refinamiento, las devolvieron al monarca, orillado entonces a establecer la segunda medida, que fue instrumentar una gran campaña con el ofrecimiento de premios y recompensas para quien descubriera un sistema más ágil y barato en el beneficio de los minerales, sobre todo los de baja ley —piedras mineras de bajo contenido de metal— abundantes en las minas del Nuevo Mundo, para las que la fundición era impracticable.

[19] León Carlos Álvarez Santaló, *Los siglos de la historia*, Barcelona, Salvat, 1983, p. 17.

Por su parte para Bartolomé era imposible volver a emprender el comercio, pues requería, por un lado, el perdón mercantil por la quiebra de Cabo Verde y en seguida conseguir grandes sumas de dinero, lo que era casi imposible, debido a que sólo se otorgaban con un buen respaldo en bienes, que Medina ya no tenía.

Después del descalabro en el negocio de seguros, las operaciones de Medina se trasladaron poco a poco al campo de la minería como se deduce de distintos asientos que obran en los Archivos de Indias y Simancas en España y algunas referencias posteriores en asientos encontrados en el Histórico del Poder Judicial del Estado de Hidalgo, el primero hallado por Manuel Castillo Martos, resulta sumamente ilustrativo de esa situación, se trata de una sociedad que forman Medina, Juan González y Miguel Sánchez, a efecto de financiar al último para iniciar la búsqueda y registro de minas de plata, que se registrarían por partes iguales —un tercio para cada uno— y aunque no se señala el sitio donde se realizaría la búsqueda, debe suponerse que esta se intentaría en tierras americanas particularmente en la Nueva España, donde los denuncios se sucedían con gran vertiginosidad. En el contrato se estipuló también que, si Miguel Sánchez no hallara mina alguna, los otros dos socios se obligarían a pagar dos ducados de oro por su trabajo tan pronto como regresara a Sevilla.[20]

Por otra parte existen constancias relativas a reclamos de pago sobre sumas importantes, como en el caso de la comparecencia de 06 de abril de 1549 en la que contrata los servicios de Andrés Péres *[sic]* Corredor de Lonja para que cobrase a Alonso Ruis *[sic]* Dexeres de la colación de San Isidro, la cantidad de 104

[20] Manuel Castillo Martos, *op. cit.*, apéndice XI, pp. 286 y 287.

mil 896 maravedíes;[21] dos años después otorga poder a favor de Francisco Bonifaz Gorjes, vecino de la ciudad de Burgos "para que en mi nombre pueda pedir, demandar, recibir e cobrar [...] de Francisco Santander vecino de dicha ciudad de Burgos y de Pedro Medina su sobrino, la cantidad de 26 mil 808 maravedíes".[22] En ese mismo año concedió poder a Juan González, para cobrar en su nombre a Operan Fernández, vecino de la propia Sevilla, la cantidad de 10 mil 300 maravedíes por una albalá.[23] A estos se agregaría otros poderes, enviados incluso un lustro después desde Pachuca.

Es probable que gracias al cobro esos créditos pudieran financiar sus primeros experimentos metalúrgicos en Sevilla, ciudad en la que conservaba algunas propiedades adicionales a la casa donde radicaba en la collación de Santa María, entre ellas una que, como se desprende de un documento fechado el 30 de mayo de 1551, rentó a:

> Diego de Toledo vecino de la collación de Santa María la Blanca en Sevilla, unas casas y palacios con todo lo que les pertenece que se dice la finca de las Peras *[sic]* que son en esta ciudad en la collación de San Bartolomé que tiene treinta y tres pesambres *[sic]* con su tiesto y aparejos y con sus casas de morada con sus palacios y sobrados y huertas y pilas, (con) todas sus pertenencias que (tiene) por lindero de la una parte con traperías de Alba Ruiz curtidor y de la otra parte con traperías de Juan Clavijo y por delante la calle Real y arriendo a vos casas y dineros [...] por precio cada un año de

[21] Archivo de Protocolos de Sevilla, Oficio 15, año 1549, legajo 9.164 (sin foliar), penúltimo cuadernillo.

[22] *Ibid.*, Oficio 19, año 1551, legajo 12.343, folio 1242.

[23] *Ibid.*, legajo 12.343, libro II, folio 1906.

> cuarenta y dos mil y quinientos maravedís de esta moneda que ahora se usa y más de cuarenta y dos gallinas buenas y vivas y especiales que se han de recibir que me debes de dar y pagar aquí en Sevilla sin pleito los dichos cuarenta y dos mil maravedís por los tercios de cada un año en fin de cada tercio como fuere cumplido lo que mandare en las dichas cuarenta y dos gallinas en pie y tales que se han de dar y pagar antes del día de Pascua de Navidad de cada un año una paga [...].[24]

El producto del arrendamiento sobre la Casa de Santa María la Blanca, seguramente le permitió sufragar los gastos cotidianos de la familia y fue un buen alivio para dedicarse por entero a sus experimentos metalúrgicos.

Como otros muchos súbditos del gran imperio de Carlos I de España y V de Alemania, animado por los jugosos ofrecimientos de la Corona a quien encontrara un sistema de beneficio para la plata que acortara tiempos, redujera costos y permitirá el beneficio de los minerales baja ley, Medina, se dio a la tarea de emprender diversos ensayos como lo testificó más tarde Alonso de Mora al afirmar, “que había conocido a Medina en Sevilla y había sabido del intento que éste realizaba con el azogue para sacar la plata”.[25]

Cierto es que Sevilla no ofrecía posibilidad alguna para el desarrollo de sus actividades metalúrgicas, sin embargo, era esta ciudad a donde llegaban de todas partes de Europa innumerables personajes que intentaban viajar a América, entre ellas, los metalurgistas atraídos también por los ofrecimientos de la Casa Real

[24] *Ibid.*, Oficio 19, libro III, año de 1551, legajo 21.344, folio 3779 vta.

[25] AGI, *Probanza de Bartolomé de Medina*, realizada en 1580, testimonio correspondiente a Alfonso de Mora.

Española, la mayoría de estos era de origen Alemán, y muchos, catalogados como conocedores de las propuestas de beneficio por azogue de Biringuccio, contenidas en su libro *La Pirotéchnia*, publicado hacia 1540 y de los interesantes experimentos de Georg Bauer, Georgius Agricola, que aparecerían más tarde en las páginas de su obra, *De re Metálica*, publicada en 1556; sin duda, algunos alcanzaron a obtener de la Casa de Contratación su pase al Nuevo Mundo, como es el caso de Gaspar Loman y Miguel Pérez, que habían castellanizado su nombre; otros habían marchado a América un poco antes, como Juan Enchel que también adoptó el nombre castellano de Juan Alemán,[26] pero la mayoría quedó en Sevilla, al negarles la Casa de Contratación su pasaporte a Indias, en virtud de que en aquellos años se vivían los más difíciles momentos del "Cisma Protestante" que rápidamente se había extendido por todos los países de ascendencia germana y fue precisamente la Casa de Contratación, el filtro para evitar la internación en América, de judíos y cismáticos.

Con algunos de ellos entabló amistad Bartolomé, pero fundamentalmente con uno, "El Maestro Lorenzo", metalurgista Alemán, con el que todo indica se asoció para realizar ensayos mediante la aplicación del azogue a minerales continentes de plata y quien compartió con el sevillano todo cuanto sabia de metalurgia, incluida su experiencia en la aplicación de la amalgamación, esperando que de esa sociedad pudiera surgir la posibilidad de su paso a la Nueva España o al Perú como lo reconoció Medina años más tarde al suscribir en 1555, la famosa Carta de Xilotepec.

[26] Modesto Bargalló, *La minería y la metalurgia…*, *op. cit.*, p. 91.

Hacienda de Purísima, sitio donde Bartolomé de Medina aplicó con éxito, por primera vez, su sistema de amalgamación para el beneficio de la plata, a finales de 1554.

¿Quién fue el maestro Lorenzo?

La mayor interrogante que se han hecho desde el doctor Francisco Fernández del Castillo, hasta Manuel Castillo Martos, sin olvidar a Modesto Bargalló, Alan Probert y cuanto investigador ha abordado el tema, se centra en conocer al hombre que en Sevilla introdujo a Medina en el campo de la metalurgia, pero ante todo a quien le dio a conocer los secretos de la amalgamación. En principio derivado de la multicitada *carta de Xilotepec,* que forma parte del llamado *Códice de Bartolomé de Medina,* dada conocer por el doctor Fernández del Castillo en 1927, se sabía de su sociedad con un "alemán que conocía como "sacar plata de los metales sin fundición ni afinaciones"[27] el desconocimiento del nombre de esa persona orilló a Alberto María Carreño a suponer que, se trataba del propio

[27] Francisco Fernández del Castillo, "Algunos documentos…", *op. cit.,* p. 29.

George Bauer, Agricola, quien gozaba entonces de los favores del Duque Mauricio, Elector de Sajonia, al que representó en diversas ocasiones ante Carlos V, y suponía que la afinidad de inquietudes debió acercarlo a Medina a grado de compartir experiencias en relación con la posibilidad de afinar plata con azogue, mas cuando fue necesario trasladarse a la Nueva España para ensayar directamente en las minas americanas, la Casa de Contratación le negó al supuesto Agricola, el pasaporte en razón de que el duque Mauricio, era protestante, motivo que se consideró suficiente para impedirle viajar a las Indias.[28]

Otros investigadores pensaron podía tratarse de Christhoph Pronner, también metalurgista de nacionalidad alemana, que, disgustado con los Függer —para quienes trabajaba en Almadén— buscó la manera de marchar a México, para lo cual se asoció con Medina, pero el pasaporte le fue negado por influencia de sus antiguos jefes, considerados los hombres de mayor confianza en los círculos oficiales, e impidieron su embarque en Sevilla.[29]

Realmente el nombre del Maestro Lorenzo surgió muchos años después, Medina le refiere por única vez en la probanza de 1580, hallada y difundida por Alan Probert,[30] pero también poco se sabe de este personaje, aunque el dato fue suficiente para eliminar las propuestas de Alberto María Carreño y otros más.

[28] Alberto María Carreño, Nota introductoria en Gonzalo Gómez de Cervantes, *La vida económica y social en la Nueva España al finalizar el siglo XVI*, México, Antigua Librería Robredo, Porrúa, 1944, p. 41.

[29] Ernesto Greve, "Historia de la amalgamación de plata", en *Revista Chilena de Historia y Geografía*, núm. 102, Chile, 1943, p. 206.

[30] Alan Probert, *op. cit.*, p. 122.

Ahora bien, ¿qué fue lo que influyó de manera tan importante, para que Medina abandonara sus actividades en el comercio y se lanzara de lleno a la aventura metalúrgica? Para Probert los conocimientos sobre metalurgia adquiridos por Medina, fueron un simple "pasatiempo del que podía darse el lujo como próspero comerciante —incluso añade— contrató a un alemán, un tal maestro Lorenzo para que lo guiara a través de los intrincados vericuetos de la fundición de la plata".[31]

Castillo Martos, en cambio, asegura que aun después del fracaso en el negocio de los seguros marítimos en 1549, Medina si bien perdió gran parte de su patrimonio, logró conservar algunos bienes que le permitieron vivir medianamente en compañía de su familia lo que se deduce al examinar diversas operaciones documentadas, relativas a negocios emprendidos entre 1549 y 1552, el primero, un contrato por la entrega en arrendamiento de una amplia casa ubicada en el barrio sevillano de Santa María La Blanca, así como distintas gestiones judiciales para recuperar fuertes sumas de dinero de diversos deudores, lo que le permitió, además de sufragar los gastos cotidianos de la familia, financiar los proyectos de su nueva dedicación, ya que también se encontró un contrato por el que adquirió un cargamento de piedras de metal argentífero, que seguramente utilizó para ensayar el método que seguramente le propuso Lorenzo. Cierto que el mundo de la ciencia es fascinante, pero ¿cambiar una vida de comodidades por otra, si no de penurias, sí de inestabilidad y condiciones un tanto misteriosas?

Es factible deducir que el súbito cambio en la vida de Medina se originó, ante los fracasos económicos de sus actividades como comerciante y aunque su patrimonio material le permitió sortear

[31] *Ibid.*, pp. 92 y 93.

los avatares inmediatos del sostenimiento familiar, los ingresos se redujeron sustancialmente y le orillaron a buscar el amparo de los ofrecimientos de la Corona para hallar un método más eficaz para el beneficio de la plata. Esta última circunstancia coadyuvó para que en la Sevilla de esos años se dieran cita cientos de gambusinos, metalurgitas y desde luego aventureros que pretendían obtener pasaporte para dirigirse a una América, llena de posibilidades, sobre todo para las actividades relacionadas con la minería. Las noticias llegadas al Viejo Continente hablaban maravillas de las cuantiosas y súbitas fortunas labradas gracias a los ricos veneros de metales preciosos y de las muchas dificultades enfrentadas en el beneficio del mineral extraído y de los esfuerzos para encontrar un nuevo sistema. Esta situación permitió a Bartolomé conocer a metalurgistas y alquimistas serios y charlatanes y de entre ellos al ya aludido Maestro Lorenzo.

Pobre o rico, quebrado o boyante, metalurgista de oficio o alquimista de afición, Medina abrió las puertas de su casa en Sevilla a las practicas metalúrgicas con Azogue, lo que a la postre le franquearía el acceso a la fama y a la historia.

De Sevilla a América

La casa de la familia Medina, dice Castillo Martos, sería la típica vivienda sevillana muy en boga en aquellas calendas, el llamado "par de casas" o "casa de aposentos", que consistía en un edificio de dos plantas y un pequeño patio, como aún puede verse en esa ciudad. También disponían con frecuencia de un corral y un desván o "sobrao" —piso alto en algunas viviendas tipo bohío para evitar animales y estragos en las inundaciones—. La costumbre de ocupar en el verano el piso bajo y en el invierno el alto que era menos húmedo era entonces frecuente.[32]

Aquella vivienda de los Medina, ubicada en el barrio de Santa María Magdalena en Sevilla, fue mudo testigo de los innumerables experimentos realizados por Bartolomé y Lorenzo, tal vez en el gallinero de aquel solar enclavado prácticamente en el centro de la ciudad. Los resultados que, si bien parecían fáciles al separar la plata del oro en monedas de desecho, encontraban gran dificultad al intentarlo con piedras mineras, a lo que se agregaba el problema de conseguirlas, dado que las minas de plata de Guadalcanal estaban lejos y entonces iniciaban apenas su explotación.

Ambos, Medina y Lorenzo, habían oído hablar de los minerales secos de plata de la Nueva España, libres de plomo,[33] y querían experimentar con ellos. Es probable que, por ello, solicitaran un buen cargamento de aquel mineral que, según su propio testimonio, llegó a Sevilla en 1553 —tal vez a principios de aquel año— el que tuvo un costo de 128 795 maravedíes.[34] Todo indica que los resultados de los ensayos con aquel mineral fueron positivos, pues de inmediato iniciaron los preparativos para venir los dos a América, más como es bien sabido, la Casa de Contratación negó el permiso a Lorenzo, quien por no tener los 10 años de estadía en España que exigían las disposiciones de la época, o quizá por no haber podido sacudirse el parentesco con familiares protestantes le fue negado su pasaporte y sólo le fue concedido a Medina, quien, dejando mujer e hijos y con algún dinero conseguido, se embarcó en el último tercio del propio 1553.

[32] Manuel Castillo Martos, *op. cit.*, p. 44.

[33] Alan Probert, *op. cit.*, p. 10.

[34] AHPJEH, ramo Protocolos. Escribano Pedro Morán. Carta Poder a Lope de Molina, de 20 de octubre de 1572.

El barco zarpó dejando atrás la costa española. Más de 50 años de su vida quedaban atrás y con ellos, su esposa, hijos y amigos, al frente, un futuro incierto, pero lleno de ilusiones y anhelos. Como todas las travesías marítimas de la época, el viaje se hizo a lo largo de "62 días aproximadamente, los primeros seis, hasta las Canarias; 32 más, hasta Santo Domingo y 24 a Veracruz".[35] Esto, desde luego, si las naves no encontraban alguna dificultad en la travesía.

Medina llegó confiado en los buenos oficios de algunos amigos suyos ya establecidos en la Nueva España, entre los que se encontraban "Gerónimo de Gaona al que había representado como agente de ventas en Sevilla; Miguel de Zuazo un viejo conocido de la familia en Sevilla quien se había establecido en la Ciudad de México, finalmente la bienvenida le fue dada por otro amigo de muchos años, Andrés Gutiérrez quien lo relacionó de inmediato con Hernando de Rivadeneyra, en cuya casa vivió por algún tiempo.[36]

La noticia de su llegada y de sus intenciones y conocimientos en materia de beneficio de minerales, corrió rápidamente por toda la Nueva España. En la casa de Rivadeneyra recibió la visita de innumerables metalurgistas entre quienes debe destacarse a Gaspar Loman y a Miguel Pérez, con quienes platicó largamente de su proyecto.

La llegada a Pachuca

Como la ciudad de México no ofrecía perspectivas favorables para sus experimentos, decidió trasladarse a radicar en alguno de los

[35] José Luis Martínez, *Pasajeros de Indias*, México, Alianza Universidad, 1984, p. 81.

[36] Alan Probert, *op. cit.*, p. 16.

Reales de Minas novohispanos, donde pudiera ejercitar sus prácticas metalúrgicas, Hernando, su casero, lo presentó con Gaspar de Rivadeneyra, su hermano, quien radicaba en Pachuca, donde este último, era propietario de diversos fundos.[37]

Pachuca resultó ser el lugar ideal para sus ensayos. En primer término, por su cercanía con la capital del virreinato donde tendría que registrar y patentar sus logros, y en segundo, por ser ya entonces, uno de los Reales más importantes de la Nueva España. El reciente descubrimiento de las minas de este lugar fue tal vez el más importante factor para su establecimiento, pues en él encontró terrenos amplios y materiales en abundancia, así como mano de obra especializada, pues la población crecía con trabajadores llegados de otros lugares mineros.

Fue en el último tercio de 1553 cuando llegó a Pachuca, "en compañía de Juan de Plasencia, minero de Taxco"[38] reconocido por haber inventado unos fuelles mecánicos de mucha utilidad en el sistema de fundición y profundo conocedor de los secretos del trabajo minero, al que estuvo relacionado desde muy joven. Medina se estableció en las faldas del cerro de La Magdalena, a un lado del río Pachuca, entonces de importante caudal[39] cuyas aguas aprovecharía para tener suficiente energía hidráulica. En el terreno contiguo, se encontraban los desechos no beneficiados de la mina "descubridora vieja", en los que abundaban rocas de todos tamaños, del llamado

[37] En el Archivo Histórico del Poder Judicial del Estado de Hidalgo existen varios documentos sobre propiedades de Gaspar de Rivadeneyra, así como su testamento, fechado el 25 de julio de 1594, donde señala a Hernando como su hermano.

[38] Alan Probert, *op. cit.*, p. 19.

[39] Manuel Orozco y Berra, *Historia de la dominación española*, t. III, México, Porrúa, 1938, p. 89.

mineral pobre,[40] que mucho sirvieron para demostrar las bondades de su método. De modo que allí mismo comenzó la construcción de su casa y de un ingenio para beneficio mineral. Tan seguro estaba de alcanzar éxito en un breve lapso, que no ahorró esfuerzo ni gasto alguno para levantar bardas y techar habitaciones de carácter permanente. La hacienda de beneficio fue bautizada por él mismo con el nombre de Nuestra Señora de la Purísima Concepción,[41] ubicada el sitio donde se estableció por muchos años el Club de Tenis de la Compañía Real del Monte y Pachuca, instalaciones que pertenecen hoy a la Universidad Autónoma de Hidalgo.

El Pachuca de mediados del XVI

El Pachuca al que llegó a Bartolomé de Medina a finales de 1553, conservaba todavía muchos rasgos de la economía agrícola regional, dado que gran parte de sus habitantes vivía aun del pastoreo de ganado menor y de la siembra de maíz, pues las minas descubiertas dos o tres años antes, ocupaban no más allá de un tercio de la población de la región.

El sitio escogido por Medina para iniciar sus ensayos fue el Real de Tlahuelilpan, que era el más importante de los cuatro que integraban al conjunto conocido como Minas de Pachuca,[42] sitio

[40] Era éste el mineral que se desechaba en el sistema de fundición por los elevados costos que se requerían para beneficiarlo y Medina deseaba precisamente ocuparlo en su método. Alan Probert, *op. cit.*, p. 127.

[41] *Idem.*

[42] Con el nombre de *Minas de Pachuca* se conoció al conjunto integrado por cuatro reales coma el de Tlahuelilpan —hoy, asiento de la ciudad de Pachuca—; el del Monte —actualmente, Mineral del Monte—; el de Arriba —hoy, San Miguel Cerezo—, y el de Atotonilco el Chico —hoy, Mineral del Chico.

que fue puntualmente descrito por un autor anónimo de finales del siglo XVI o principios del XVII:

> El asiento o Real principal es Tlahuelilpa. Está entre ambos cerros, en las quebradas de ellas y en lo más llano, y es lo mucho el sitio de este real que entran los carros hasta las puertas de las casas dél. La tierra de este real es fría, seca y airosa: no tiene río, sino solo un arroyo que procede de las aguas llovedizas, y baja de los montes por sus quebradas, corriendo de norte a sur, con él muelen los ingenios de la labor de los metales, más o menos, conforme a la humedad o sequedad del año.
>
> La población de este asiento será de doscientas casas y algunas están apartadas de las demás como a tiro de arcabuz: todas son buenas, aunque bajas y sin aposentos altos ninguno las paredes son de adobes: están cubiertas de terrados y otras de tejamanil. Hay aquí unas casas reales en que de ordinario asiste la justicia. No tienen escudo de armas, privilegio ni Merced particular de S. M. Están en la jurisdicción de la ciudad de México y su chancillería, gobiérnalas un alcalde mayor que provee el Virrey, con trescientos y setenta y cinco pesos de a ocho reales de salario cada año, que se pagan de la caja de México. Hay dos escribanos públicos.[43]

Los primeros pasos en Pachuca

Allí, en el sitio donde se unían los arroyos que corrían por las faldas del cerro de La Magdalena hasta convertirse en tributarios del

[43] Descripción Anónima, *op. cit.*, p. 193.

Rio Pachuca,[44] continuó Medina sus ensayos metalúrgicos y como en Sevilla, uno tras otro, sin obtener la respuesta deseada, aunque si muchas esperanzas; los patios de la casa, aún en construcción, se llenaban diariamente con curiosos, que observaban las extrañas mezclas químicas en las artesas donde revolvía ya trituradas y vueltas arenilla, cada una de la piedras minerales, con un líquido entre blanquecino y plateado que perdía su color en la revoltura, al que daba el extraño nombre de *azogue*[45].

Las tortas o mezclas del mineral con el azogue eran repasadas diariamente por esclavos e indígenas, y así transcurrieron varias semanas. Algo faltaba de lo recomendado por su preceptor en Sevilla —el Maestro Lorenzo— desesperado, pero sin desfallecer, solicitó al virrey su intervención para que su amigo, el "Maestro Lorenzo, pudiera pasar a la Nueva España a fin de ayudarle en la empresa. Bien comprendía Bartolomé la diferencia que significaba beneficiar grandes cantidades de mineral, en comparación a las cortas raciones con que trabajó en España; pero ni el virrey ni la Casa de Contratación —a la que también había escrito— accedieron a su petición. Poco a poco los curiosos se fueron retirando hasta que por fin después de muchos intentos se percató que, lo que faltaba, era un agente catalizador, eso que los alquimistas llamaban el elemento *magistral*, que resultó ser un compuesto de sulfato de fierro o cobre, con el que finalmente produjo la reacción esperada.

Todos los incidentes y peripecias, sufridos durante prácticamente 10 meses de trabajo en Pachuca, serían narradas después del éxito de su empresa, al suscribir el 29 de diciembre de 1555, la famosa carta de Xilotepec:

[44] *Ibid.*, p. 126.

[45] Mercurio.

Digo yo, Bartolomé de Medina, que por cuanto yo tuve noticia en España, de pláticas con un alemán, que se podía sacar la plata de los metales sin fundición, ni afinaciones y sin otras grandes costas; y con esta noticia determiné de venir a esta Nueva España dejando en España mi casa, mi mujer e hijos, y vine a probarlo por tener entendido que saliendo con ello, haría gran servicio a nuestro Señor e a Su Majestad e bien a toda esta tierra y venido que fue a ella, lo probé muchas veces y habiendo gastado mucho tiempo y dineros y trabajo de espíritu y viendo que no podía salir con ello, me encomendé a nuestra Señora y le supliqué me alumbrase y encaminase para que pudiese salir con ello e le ofrecí que en su nombre haría limosna de la cuarta parte de todo el provecho que ubiese *[sic]* de la Merced que el ilustrísimo señor visorrey en nombre de Su Majestad me hiciese, dándolo a pobres y plugo a Nuestra Señora de alumbrarme y encaminarme a que saliese con ello e visto por el ilustrísimo señor don Luis de Velasco el gran servicio que de ello redundaba a la hacienda real de Su Magestad *[sic]* y generalmente a toda esta tierra, me hizo Merced en nombre de Su Majestad de que nadie dentro de seis años ya lo pudiese usar, sino fuese pegándoselo con un tanto, que a nadie pudiese llevar más de trescientos pesos de minas y porque yo quiero cumplir la promesa que ofrecí me he comunicado con el ilustrísimo señor Visorrey don Luis de Velasco a parecido no haber obra más aceta en esta tierra, que el ayudar a la conservación, que substentación *[sic]* de la casa e Colesio *[sic]* de las niñas uerfanas *[sic]* del colesio *[sic]* de la ciudad de México, por tanto, digo ésta firmada de mi nombre, que daré el factor e diputados que son e fueren de la Cofradía del Santísimo Sacramento y Caridad de la ciudad de México a cuyo cargo está el dicho colesio y casa de Nuestra Señora en las niñas uerfanas pobres que allí están estuvieren recogidas y no en otra cosa por ser conforme a la promesa que fize *[sic]* y porque así lo

> cumpliré e di y entregué ésta, firmada de mi nombre al ilustrísimo Señor Visorrey don Luis de Velasco para que su Señoría Ilustrísima la dé de su mano al dicho rector y diputados que es fecha en el pueblo de Xilotepec a 20 de diciembre de 1555 años.—Bartolomé de Medina. —*Rúbrica.*[46]

Meses después acudió ante el escribano Andrés de Cabrera para ratificar el contenido de la carta:

> En la ciudad de México de la Nueva España veynte e seys *días del mes de* Henero *año del Señor de mil e quinientos e cincuenta e* syete *años por ante mí el escribano e testigo de* yuso escriptos pareció presente Bartolomé de Medina e dijo que lo de arriba contenido de su propia letra e firmando de su nombre, otorgaba e otorgó por escriptura pública y como tal, se obligaba e obligó de tener agora, dar, cumplir e pagar todo lo en ello, obligó, su persona e bienes e dio poder a las justicias de sus Majestades de cualesquier parte que sean para que por todos los remedios y rigores del derecho, a que se le hagan cumplir e pagar como si fuese sentencia contra el dada consentida, e no apelada e pasada en cosa juzgada e renunció cualesquier leyes de que en este caso se pueda aprovechar y valer de la del derecho en que dice — que renunciación fecha de leyes non vala y lo firmó aquí de su nombre siendo presente por testigos Salvador de Estrada y Juan Gallego y Francisco del Castillo y Pedro de las Rivas, vecino de esta ciudad.
>
> Fuéle leído al otorgante al cual y a los dichos testigos, yo el escribano yuso escripto doy fe que conozco. Andrés de Cabrera. —*Rúbrica.* —Bartolomé de Medina. —*Rúbrica.*

[46] Francisco Fernández del Castillo, *op. cit.*, pp. 72 y 73.

> Yo Andrés de Cabrera escribano de Su Majestad fui presente a lo que dicho es e otorgamiento e fize aquí mío signo. —*El signo del escribano.* —El testimonio de verdad, Andrés de Cabrera.—*Rúbrica.*[47]

Es importante resaltar que el hallazgo de esta carta, realizado por el doctor Francisco Fernández del Castillo, en 1927, en la documentación del Archivo General de la Nación de México, abrió las puertas para estudiar a fondo tanto al método de Amalgamación como la biografía de quien lo practicó por primera vez en Pachuca: el sevillano Bartolomé de Medina.

Aproximación y nueva fecha del descubrimiento

La suscripción de la carta en Xilotepec, el 20 de diciembre de 1555, en la que da como descubierto ya el sistema de amalgamación, permite concluir que tal hecho debió ocurrir, antes de esa fecha, pues para entonces como el mismo señala, "se le había hecho ya Merced en nombre de Su Majestad para que nadie dentro de (los) seis años siguientes, lo pudiese usar sin pagar la cantidad autorizada por ello".

Por otra parte, meses antes, el 4 de septiembre de ese mismo año, el monarca Carlos V también lo daba por hecho e instruía al virrey Velasco: "Porque de esa Nueva España avisan que el azogue es muy provechoso para fundir y afinar plata, véase de buscar minas de azogue y tómese la instrucción de lo que se hace en la Nueva España".[48] Si se considera que el tiempo de travesía de los barcos

[47] *Ibid.*, pp. 73 y 74.

[48] Modesto Bargalló, *La minería y la metalurgia*, *op. cit.*, p. 116.

que zarpaban de Veracruz a España y viceversa oscilaba entre los 55 y los 62 días y que no todos los meses eran navegables pues estaba prohibido cruzar las zonas del Golfo de México y la de las Bermudas-Bahamas, durante el periodo que abarcaba de la primera quincena de junio a la segunda de agosto a fin de evitar los frecuentes ciclones formados sobre el Atlántico"[49], puede afirmarse que la flota que llevó la noticia al Rey, debió arribar a la península a finales de la primera mitad de 1555, por lo que debió zarpar de Veracruz entre marzo y abril, ya con la noticia de que estaba ya descubierto el sistema de amalgamación para beneficio de la plata.

Es casi imposible creer, que no obstante la importancia que significó la invención de Medina, a la fecha, se desconozca el paradero del documento original por el que se le otorgó la patente y en consecuencia se ignora la fecha exacta del descubrimiento, no obstante, gracias al afortunado hallazgo de un par de documentos que obran en el Archivo General de la Nación, en la ciudad de México dados a conocer por el historiador Luis Muro Arias, hoy es posible aproximar tal fecha a los últimos días de 1554.

En efecto, Luis Muro localizó en ese repositorio mexicano un par de documentos, el uno secuela del otro y aunque ambos "por una extraña coincidencia se encuentran incompletos" se complementan admirablemente y permiten deducir con mayor precisión la fecha del descubrimiento. El primero, contiene el preámbulo oficial acostumbrado a toda comparecencia judicial, seguido de la explicación en la que Medina expone los defectos del antiguo sistema de fundición, en este punto, el manuscrito se encuentra mutilado por acción de la humedad y de algún hongo. El segundo, consecuencia del primero, es la parte final de la prórroga concedida a Medina

[49] José Luis Martínez, *op. cit.*, p. 80.

al vencerse el plazo de la Merced original. No obstante las pocas líneas que de él se conservaron, es de capital importancia, por el hecho de que lleva la fecha de su expedición”,[50] he aquí la paleografía de ambos asientos.

> Yo don Luis de Velasco Et. Por quanto Barme de Medina me ha hecho relación questando en España él tuvo noticia de la horden *[sic]* que se tenía en esta tierra en el beneficiar los metales de oro y plata y las grandes costas y reparos que en ello avía, y para saber sy hera ansy había pasado a esta nueva spaña a lo ver por vista de ojos y a procurar como los d(ic)hos metales se benefiçiasen a menos costa, y ansy con gran diligençia e cuidado e trabajo de su persona y costa de su haçienda había entendido por la exp[e]riençia que tenía de lo suso dho en dar horden como con haçogue se pueden beneficiar los dhos metales y [se] saque dellos toda ley que se le saca por fundiçión con mucha menos costa de jente y caballos y sin greta y *çendrada*, carbón ni leña, de lo cual se siguirá gra(n) pro(grso) en general a toda esta tierra y acreçentado de las rentas reales, segund(o) q(ue). más largamente en la vna petiçión que sobre raçon dello ante mí presentó, el thenor de la qual, firmada de su nombre, [es] esta que se sygue:

> Ilmo sorBar(tolo)mé de Medina digo que tuve noticia en Spaña, de como se beneficiaban los metales de oro y plata, en esta Nueva Spaña y de las costas y riesgos que tenían, y ansy quise venir a verlo de vista de ojos y procurar se beneficiasen los dichos metales a meno costa, por parecerme que en ello haría muy gran servicio a su magestad y gran bien a esta tierra, e ansy e visto como se benefician,

[50] Luis Muro Arias, “Bartolomé de Medina. Introductor del Beneficio de Patio en Nueva España, *Historia Mexicana*, t. XIII, núm. 3, México, El Colegio de México, enero-marzo, 1964, p. 520.

> los dichos metales en muchas partes con greta y çendrada y la muy grande costa de los dueños de las minas y el mucho riesgo de la vidas e salud de todos los que en el beneficio dellas entienden, ansy de indios como de negros, porque vm ingenio de cavallos que trae un horno andando bueno benefiçiaria entre día y noche de doze a quinze quintales, siete quintales de greta y çentrada poco más o menos que cuestan siete marcos de plata assí que hallo que después de molido y cernido el dicho metal, tiene las costas y gastos siguientes:
>
> ha menester cuatro fundidores y cuatro cargadores y dos españoles que se muden por sus cuartos y por personas que handen con los cavallos del yngenio por sus cuartos y más dos afinadores y para moler la greta y çentrada otras dos personas y para hacer los hornos y labrar las piedras otras dos y para follar las çendras, cada una que afinan, son menester seys personas porque a final "de" dos días de semana, que bendrán a hacer dos personas cada día y más hacer carbón para dar recavdo a un forno de día y de noche doze negros y más para cubrir y sacar dicho carbón.[51]

El segundo documento, fragmento de la prórroga a la Merced original, señala:

> (Certificación) (...) della y mando que por este tiempo le sea guardada y cumplida, bien, así como si fuera hecha por tpo. pasado, el contenido en esta prorrogaçión, conque dho bar[tolo]mé de medina no hexceda de lo declarado en la dha. mrd. *çerca* de lo que a de cobrar

[51] *Idem.*

a las personas que usaren la dha ynbençion. D. Luis de Velasco. "México, 9 de julio de 1560".[52]

Es conveniente señalar que en el margen izquierdo del primer documento, existe una nota que apunta "No Pasó", que para el investigador Sevillano Manuel Castillo Martos, es frecuente encontrar en los registros de la época, sin indicar su motivación[53] en tanto que Muro, conjetura pudo tratarse de una simple "suspensión administrativa" sobre la decisión virreinal, provocada por presiones de parte de otros mineros deseosos de ganar tiempo para concluir experimentos similares; también pudo derivarse de dudas del virrey en relación con las bondades del procedimiento o finalmente, en razón de regateos que el propio Medina hubiese esgrimido para mejorar las condiciones que le ofrecían en la Merced real.

Si se atiende a los argumentos de Castillo y Muro, puede afirmarse que, si bien el primer documento carece de fecha, la circunstancia de haberse copiado entre los mandamientos que se expidieron entre el 16 y el 18 de noviembre de 1554, permite ajustar a esas fechas la expedición de la primera Merced.

Por otra parte, la fecha de 9 de julio de 1560 que calza el segundo documento permite deducir que los oficiales encargados de la redacción de este asiento estimaron que los seis años de vigencia de la primera patente —contados a partir de 1554— estaban a punto de cumplirse, pues si se hubiera otorgado aquella en diciembre

[52] *Idem.*

[53] Manuel Castillo Martos, *op. cit.*, p. 111.

de 1555,[54, 55] las regalías concluirían hasta diciembre 1561.[56] Estas apreciaciones resultan congruentes con la llegada a España de la noticia del descubrimiento de la amalgamación a mediados de 1555, llevada por una de las primeras flotas que partió de Veracruz en aquel año, fecha que se deduce en razón, de que tal noticia, debió partir en los primeros meses del referido 1555 con la flota que zarpó de Veracruz a Cádiz entre finales de marzo y mediados de abril de ese mismo año.

Loman intenta adjudicarse el descubrimiento

La documentación de los diversos repositorios españoles y mexicanos sobre el descubrimiento permiten asegurar que, tras el primer ensayo exitoso, Medina, solicitó de inmediato al virrey Velasco la presencia en Pachuca de los Oficiales Reales a efecto de que dieran fe de los resultados. El virrey designó en primera instancia a "un Oficial Real para atestiguar formalmente la práctica de la

[54] En la carta de Xilotepec, fechada el 29 de diciembre de 1555, transcrita páginas atrás, Medina señala que el gobernante novohispano le otorgó una Merced por seis años, que concluiría a finales de 1560, de allí que procediera a solicitar una prórroga tres o cuatro meses de concluir, basado en que aquélla no le había redituado los dividendos esperados.

[55] La principal condicionante para que una flota de barcos partiera de Veracruz a Cádiz, o viceversa, era tener agotadas las plazas de pasajeros y conducir un buen cargamento de mercancías (regularmente, estos viajes se hacían por un conjunto de naves liderado por una capitana general, a fin de evitar, o al menos repeler, los ataques de los piratas ingleses que merodeaban los océanos).

[56] Luis Muro Arias, *op. cit.*, p. 520.

invención".[57] Más no conforme con el dictamen y consciente de su desconocimiento sobre las condiciones técnicas, pidió el auxilio del reconocido minero Gaspar Loman.

Imagen ideal de Bartolomé de Medina, plasmada en el mural de la Escuela de Artes de Pachuca, realizada por el pintor Roberto Cueva del Río.

Loman se trasladó de inmediato a la Hacienda de Purísima en Pachuca y dio fe de la práctica exitosa del método de Medina, pero al percatarse de los ingredientes que cubría, como el azogue —mercurio— la sal y, sobre todo, el elemento magistral —sulfato, de fierro o cobre— aprovechó la oportunidad para sugerir al virrey mediante "ciertos dibujos y trazos, que él trajo de Germania a la Nueva España, procedentes de unos ingenios en que se beneficiaban los metales de oro y plata con azogue",[58] la introducción de algunas modificaciones que, a su parecer, podrían acelerar el proceso de Medina. Velasco entonces urgió a Loman para que construyera tal aparato y le prometió la patente

[57] AGI, Probanza de 1562, questionario *[sic]*, 5 relativo al testimonio de Hernando de Rivadeneyra.

[58] Silvio Zavala, "La amalgama en la minería de la Nueva España", en *Revista Historia Mexicana*, vol. XI, núm. 3, enero-marzo de 1962, México, El Colegio de México, p. 419.

de éste,[59] mientras tanto lo apresuró para que emitiera su dictamen sobre la patente de Medina, que desde luego fue favorable y procedió el virrey a otorgar la Merced respectiva.

Disputas por la invención de la amalgamación

Animado por el ofrecimiento de Velasco, Loman continuó el proyecto planteado, sobre su máquina para aplicar el beneficio por azogue, pero para no pasar sobre la patente otorgada a Medina dado que utilizaba los mismo ingredientes, convenció al Sevillano para que la solicitaran mancomunadamente, gracias a lo cual el virrey emitió una segunda patente provisional para la referida máquina, el 10 de julio de 1556 y aunque lo hizo de manera conjunta a favor de Loman y Medina, "Insertó una cláusula, por la que confirmó a Medina como inventor original de la amalgamación de plata"[60] y encargó a Loman, no a Medina, que en 30 días demostrara el servicio de su artefacto, designando al tesorero real para que lo representara en las prácticas y, entre tanto, detuvo la nave que iba a zarpar a la Metrópoli, pues deseaba dar la noticia del nuevo invento —de Loman y Medina— a la Corona. Mas la nave tuvo que partir, para no ser sorprendida por los huracanes de temporada y arribó a las costas españolas a mediados de agosto, sin llevar la noticia al recién ungido rey de España Felipe II, llamado el Prudente.

[59] AGN, ramo Mercedes, vol. IV, pp. 354v y 356. Patente otorgada a Gaspar Loman German y Bartolomé de Medina para que, durante ocho años, nadie en la Nueva España pueda usar el aparato que inventaron para beneficiar plata con azogue.

[60] Silvio Zavala, *op. cit.*, p. 419.

Todo indica que Loman no pudo demostrar la efectividad de su máquina en el periodo de los treinta días —ni en los subsecuentes—, pues el documento inicial no tiene ninguna nota sobre el cumplimiento de la orden ni sobre la reacción del virrey, por lo cual es de suponerse que la patente provisional no llegó a confirmarse y por consecuencia no se otorgó oficialmente.

Más inventores atribuidos

Es imposible soslayar la participación que en el descubrimiento desempeñó el metalurgista alemán que Medina conoció en Sevilla y a quien llamó Maestro Lorenzo, pues con él inició sus primeros pasos en la metalurgia y las prácticas en la amalgamación, aunque ya en Pachuca, aquellas enseñanzas fracasaron como se deduce de los documentos suscritos por el sevillano, quien después de muchos fracasos, por la falta como supone Probert, de un catalizador que provocara la reacción para la amalgama, suplicó el permiso para que el germano viniera en su auxilio, pero la Casa de Contratación, mantuvo su negativa, debido a lo cual el improvisado metalurgista español, continuó solo sus prácticas hasta obtener, a finales de 1554, el éxito deseado, al demostrar, que con su método podrían beneficiarse tanto minerales de baja ley como acelerar el proceso en las menas de mayor contenido, con lo que revolucionó la minería y la metalurgia mundial.

Independientemente de Juan Enchel —también conocido como Juan Alemán[61]— y Gaspar Loman, ya aludidos, existen otros

[61] Juan Alemán o Juan Enchel, del que Boyd Bowman señala "pasó a la Nueva España en 1535", en tanto que Francisco d A. Icaza, en su *Diccionario Autobiográfico de Conquistadores y pobladores de Nueva España*, señala que

atribuidos inventores de la amalgamación, uno de ellos Miguel Pérez —nombre y apellidos castellanizados— quien también se acercó al virrey, en marzo de 1556, para solicitar se le otorgara patente de un sistema similar al de Medina, aunque Don Luis de Velasco, nada contestó a tal petición, seguramente debido a que la había ya concedido al sevillano en 1554.

La historia registra a otros dos presuntos descubridores del sistema de amalgamación: Mosén Antonio Boteller y Pedro Fernández de Velasco, el primero originario de Valencia —avecindado en la Nueva España de 1550 a 1554— y el segundo establecido en las minas del Potosí en Perú. La afirmación de que Boteller fue el primero en practicar el sistema de la amalgamación se basa en un memorial suscrito por él mismo, fechado el 29 de junio de 1562 donde se anota:

> Mosén Antonio Boteller vecino de la Ciudad de México en la Nueva España primer artífice inventor de sacar plata de los metales por la industria y beneficio del azogue, así en la Nueva España como en vuestros reinos, persona que fue llamada de Nueva España a estos Reinos por mandato de Don Francisco de Mendoza, vuestro administrador general de las minas de estos vuestros reinos, para aprovechar con azogue algunos metales que con fuego no se pueden aprovechar ni sacar plata si no es a costa de la mina de V. M. de Guadalcanal [...] y es ansí que yo vine a ellos a dicha mina e hice

tal personaje pasó a estas tierras apoyado por Guido de Lavazares Lázaro Martín Verger y Xristobal Brayzer, alemanes vecinos de Sevilla, quienes enviaron a Juan Enchel —llamado el Alemán o Juan Alemán— a esta Nueva España y a otros factores suyos, desde el año 1536 con aparejos e industria para fundir los metales de las minas de plata que hasta entonces no se atendían e hicieron ingenios de moler e fundir los metales de donde se sigue mucho provecho a la república y gran servicio a Su Majestad.

> ciertos ensayos en ella como parece por el parecer de vuestros oficiales de la dicha mina, que dieron en poder del contador Alonso Hernández por donde se hizo el asiento conmigo.[62]

Por la fecha y contenido del documento anterior, se deduce, por una parte, que Boteller fue llamado de la Nueva España a las minas de Guadalcanal ocho años después de que el método de amalgamación había empezado a operar entre los mineros americanos y por la otra, de la descripción que sobre su método hace Tomás González en su obra *Noticia histórica documentada de las célebres minas de Guadalcanal*, se deduce que el ensayado allí, tenía profundas diferencias con el descubierto en Pachuca, pues no utilizaba ni patios ni artesas o cajones, además enlistaba ingredientes como el vinagre y otros, que se identifican más bien con el proceso propuesto por Viringuccio en la *Pirotechnia*, según comenta Modesto Bargalló.

Así mismo, de las cartas enviadas por don Francisco de Mendoza —administrador de las minas de Guadalcanal— en contestación a las que continuamente le enviaba Boteller y por los datos que transcribe, González en sus noticias sobre Guadalcanal, se desprende que Boteller sufrió muchas contrariedades en el beneficio, sobre todo a partir de la muerte de don Fernando Mendoza ocurrida en 1563. Tres años después en 1566, murió también en Guadalcanal Mosén Antonio Boteller dejando por beneficiar una gran parte de los terreros, pues su método, al parecer, sólo se aplicó hasta terminar lo encomendado, porque resultaba muy caro.[63] Finalmente, debe señalarse que, hasta el momento, no se conoce ninguna patente

[62] *Ibid.*, p. 122.

[63] *Ibid.*, pp. 122 y 123.

otorgada con anterioridad a la de Medina y sí, en cambio, muchas posteriores, innovándola o mejorándola.

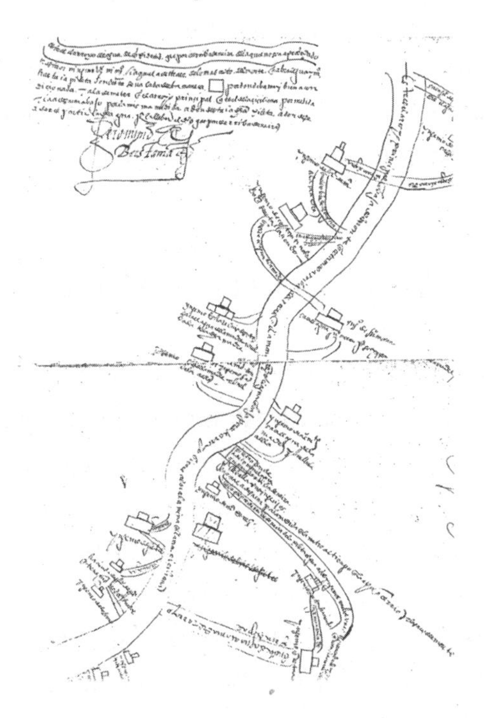

Plano de Pachuca, procedente de 1573 en el que se destaca al norte el sitio, propiedad de Bartolomé de Medina, donde, seguramente, se practicó con éxito por primera vez, el sistema de amalgamación.

> Y porque gobernando el Perú el virrey Francisco de Toledo, un hombre que había estado en la Nueva España y sabía de aquel beneficio, llamado, Pero (Pedro) Fernández de Velasco, se ofreció de enseñarle, y entablarle asimismo en el asiento del Potosí y hecha la prueba y saliendo bien en el año de 1571 se comenzó ahí este beneficio con los azogues de Guancavelica, que fue el total remedio de aquellas minas.[64]

[64] Juan de Solórzano y Pereira, *Política indiana*, ed. facs. de 1575, lib. VI, cap. II, párrafo 17, México, Secretaría de Programación y Presupuesto, 1979.

Lo anterior descarta a Pedro Fernández de Velasco como inventor del sistema de amalgamación, aunque ello no le resta el mérito de haber sido su introductor en las minas del Potosí en Perú,[65] donde por cierto fue modificado mediante el llamado sistema de *Cazo* o de *Cajones*, que describió Padre Álvaro Alonso Barba en su obra *Arte de los metales*, publicada en 1640.

Vaguedades de la Merced

Todo indica que la Merced otorgada a Medina por el virrey Velasco fue un tanto confusa al establecer que quien hiciera uso de su invención para "sacar plata con azogue, pagara hasta 300 pesos de minas", sin tomar en cuenta el monto de plata beneficiada o cualquier otra diferencia, lo que provocó la protesta de muchos mineros, a grado que el propio Bartolomé se apresuró a pedir la aclaración al respecto, *"al parecer la voluntad de Su Ilustrísima fue "que no todos pagasen los 300, sino cada uno, conforme a la Hacienda que tuviese"*.[66] La proporcionalidad fue resuelta tomando en cuenta el número de esclavos, empleados para aplicar el método de Amalgamación, que se llamó también de *patio* por requerir espacios abiertos de buen tamaño, para vaciar el mineral triturado, a fin de revolverlo con el azogue (mercurio), formando las llamadas *tortas* sobre las que se agregaban los catalizadores, mientras eran repasadas, con rastras, movidas en principio por hombres y más tarde por bestias de tiro. El documento de referencia, integrante del *Códice Bartolomé de Medina*, dice a la letra:

[65] Modesto Bargalló, *La amalgamación…*, *op. cit.*, p. 82.

[66] Esta nota forma parte del documento que se transcribe a continuación.

Ilustrísimo señor:
Bartolomé de Medina, Digo que VS Ylustrísima me hizo Merced de mandar que nadie en esta Nueva España y Provincia de ella sujetas pudiese sacar plata con azogue dentro de seis años sino fuere pagándomelo, con tal que al que más llevase, fuese hasta 300 pesos de minas y atento que para la dicha Merced parece ser la voluntad de V S Ylustrísima que no todos pagasen los 300, sino cada uno conforme a la Hacienda que tuviese y teniendo atención a esto, aunque es sin comparación el provecho que les vendrá de beneficiar sus metales con azogue o por fundición, hecho la moderación siguiente para que solo VS la vea y entienda que conforme a ella haré y llevarán por intención las personas que llevaren mi poder lo mismo y es:

Quien tuviere de 50 esclavos para arriba, 300 pesos de minas.
Quien tuviere de 40 esclavos arriba 250 pesos de mina.
Quien tuviere de 30 esclavos arriba, 200 pesos de mina.
Quien tuviere de 20 esclavos arriba, 150 pesos de mina.
Quien tuviere de 10 arriba, 100 pesos de minas.
Quien tuviere de 10 abajo, 60 pesos de minas.

Lo cual se entiende entre negros e indios esclavos o concertados o por concertar y porque al tiempo que se concertó este negocio ... [*roto el original*]... o dineros en él, no pudiendo salir con ella, me encomendé a Nuestra Señora y la ofrecí parte de toda la ganancia que en ello obiese y tengo por cierto que de su mano fui alumbrado para salir con ello e quiero cumplir lo que prometí e dedicarlo a la obra más santa e pía que hay en esta tierra que es el colegio de las niñas recogidas que es el cuarto de todo lo que esta Mercé ubiere y porque a V Sría. Ilustrísima le alcance parte de la buena obra, doy a Vuestra Señoría ilustrísima la Cédula que va firmada de mi nombre para que

> V Sría. Ilustrísima la entregue de su mano al rector y diputados de la cofradía del Santísimo Sacramento y Caridad a cuyo cargo está el dicho colexio y casa de las dichas uerfanas. La modernización arriba dicha, se entiende con los mineros que tienen casa, fundiciones, afinaciones y esclavos al tiempo que V.S.I. me hizo la dicha Merced y no con los que de nuevo han ido y fueren a ser mineros después de V.S. Ilustrísima, me hizo la dicha Merced, porque no es razón que gocen de esta moderación como los que son mineros antiguos a lo menos, de antes que V.S.I. me hiciera la Merced, porque antes me parece que aunque sea en mi perjuicio, no se habla de consentir que ninguno dejase su oficio y trato por ir a ser minero, por el daño que redundara a la república y con los tales, yo me concertaré como yo pudiere, no excediendo de la Merced de V.S.I. me tiene hecha y esta memoria torno a suplicar a V.S.I. se guarde para sí, porque solo la doy para que V.S.I. entiendo que me quiero moderar con todos, porque sé que en ello hago servicio a V.S. y no tener respeto al bien general y particular que todos han de recibir de ello y suplico a V.S. la guarde porque al publicarse podía haber algún inconveniente y diferencias sobre si tienen más o menos esclavos e yo prometo a V.S.I. de no exceder de esta memoria que doy firmada de mi nombre.— Bartolomé de Medina.—*Rúbrica.*[67]

Aprobada esta propuesta, los años siguientes exigieron a Medina la realización de visitas constantes a los ingenios de beneficio que habían establecido el sistema de patio, a fin de cobrar las regalías expresadas en la Merced, lo que implicó mucho trabajo y pérdida de tiempo con pocos resultados, pues los mineros eran reacios

[67] Francisco Fernández del Castillo, "Algunos documentos...", *op. cit.*, pp. 72 y 73.

al pago de los derechos, no obstante, los beneficios que implicaba su aplicación y la reducida cuota fijada.

Inexplicablemente, la Merced no abarcó más que los reales de minas cercanos a la capital del virreinato, dejando al margen otros de suma importancia como el de Zacatecas, donde a decir "del oidor de Guadalajara, el Doctor Morones se aplicaba el método de Medina desde agosto de 1557, en la información agrega, que las minas de Zacatecas serían en adelante explotadas permanentemente, una vez que el beneficio por mercurio se había puesto en obra".[68] Bartolomé volvió a escribir al virrey sobre esta anomalía, pero el gobernante nada contestó.

La aplicación de la amalgamación fue el detonante esperado para mejorar sustancialmente la producción de las minas americanas. En primer término, posibilitó el beneficio de minerales de baja ley, hasta de hasta onza y media de plata por quintal",[69] lo que resultaba incosteable con el proceso de fundición; en segundo lugar, coadyuvó a reducir considerablemente el tiempo del beneficio, con lo que hizo más rentable la actividad minera; por último, mediante el sistema de patio también se aprovecharon otros minerales que antes se perdían.

[68] P. J. Bakewell, *Minería y sociedad en el México colonial, Zacatecas (1546-1700)*, México, Fondo de Cultura Económica, 1976, p. 193.

[69] *Ibid.*, p. 194.

Hacienda de San Buena Ventura en Pachucha hacia 1898,
cuando aún se aplicaba el sistema inventado por Medina.

La muerte de su hijo

A mediados de 1557, Bartolomé, su hijo mayor que, a decir de Castillo Martos, era piloto de Nao, "dejó España para venir a reunirse con su padre, embarcándose en compañía de Alonso de Mora; pero este último llegó a la Nueva España, con la terrible noticia de que el muchacho había muerto en el trayecto, al naufragar la nave en que viajaba.[70] Medina se había hecho a la idea de que el mayor de sus hijos le ayudaría en la ardua tarea de recaudar el cobro de derechos. El duro golpe, aunado a los problemas del cobro de la

[70] AGI, Probanza de 1580.

Merced, minaron el ánimo del metalurgista quien, a partir de ese momento, decidió regresar a España para reunirse nuevamente con su familia. En los meses siguientes redobló esfuerzos para cobrar personalmente el producto de las regalías acudiendo a cada ingenio donde se aplicaba su método. Alonso de Mora, quien desde su llegada a la Nueva España se dedicó a las actividades mineras en Temazcaltepec, aseguró en la probanza de 1562 "que vio a Bartolomé venir a cobrar las regalías con que el virrey le premió por su invento en nombre de Su Majestad".[71]

Ya a punto de expirar la Merced se dirigió nuevamente al virrey Velasco, a fin de solicitar una prórroga por seis años, la cual le fue concedida de inmediato por el gobernante novohispano, pero sin aumento de regalías o condición nueva, como se deduce del colofón del documento:

> … della y mando por este tiempo le sea guardada y cumplida, bien así como si fuera hecha por tiempo pasado, el contenido en esta prorrogación con que dho bar(tolo)mé de medina no hexceda de lo declarado en la d(ic)ha m(e)r(ce)d. (a)cerca de lo que (h)a(n) de pagar las personas que usaren la dha ymbención. D. Luis de Velasco. México, 9 de julio de 1560.[72]

[71] AGI, Probanza de 1562.

[72] Luis Muro Arias, *op. cit.*, pp. 519 y 520.

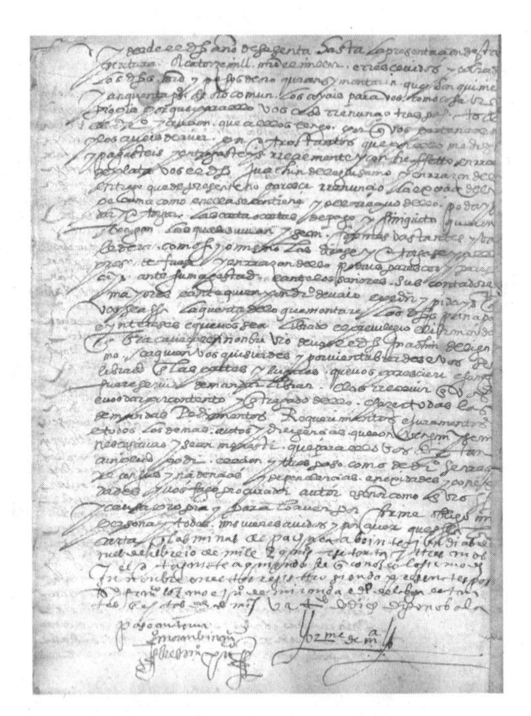

Manuscrito con la firma de Bartolomé de Medina.
(Archivo Histórico del Poder Judicial del Estado de Hidalgo).

Deudores por el uso del invento

Los productos obtenidos tanto de la primera Merced como los de la prórroga fueron realmente pobres, pues para 1563, después de ocho años de regalías, todo alcanzaba apenas 10 812 pesos con 24 tomines, a los que debía restarse el porcentaje comprometido para el colegio de huérfanas, que sumaba 2 703 pesos con siete tomines, correspondiente a la cuarta parte, con lo que sólo le quedaban 8 109 pesos con 17 tomines, pero de esta última cantidad mucho era lo que adeudaban los morosos mineros que aplicaban su sistema, como se observa en el ilustrativo memorial que forma también parte del *Códice Bartolomé de Medina*. He aquí la lista en detalle:

Memoria que da Bartolomé de Medina de los conciertos con los mineros o gentes en lo de la Merced del Azogue (1563)

	Pesos	Tomines	Granos
Alfonso de Villaseca en 300 pesos de minas	496	2	6
Gaspar López e su hermano 200 pesos	330	7	2
El factor Juan Velázquez (de Salazar)	330	7	
Francisco de Rivera e Antonio de la Cadena	248	1	
Juan de Cervantes e Juan Vázquez Jaramillo	248	1	
García Manuel de 100 minas	165	3	6
Villafaña	112		
Martin de Carrión	100		
Meneses en	60		
Juan de Añasco en 50 pesos de minas	82	5	9
Pedro Hernández Varela	50		
Castañeda	82	5	9
Don Francisco de Guzmán	82	5	9
Fernando de Arévalo en 3 marco	21	6	
Da. Francisca de Nava	50		
Da. Inés de Perea	217	1	1
Alonso Montes en 6 marcos	43	4	0
	$2 722	2	10
Memoria de los que se concentraron en Taxco			
	Pesos	**Tomines**	**Granos**
Diego de Nava en	248	1	3
Los Menores de Serrano en	231	4	1
María de Herrera 100 de minas	165	3	6
Pedro Martínez y Com. 100 de minas	165	3	6
La viuda de Sandoval y Martín Ruiz	165	3	6
Francisco de Rodríguez 20 marcos de plata	144	6	2
Francisco Ginoves 100 plata	165	3	6
Juan de Beteta 100 pesos			
Gonzalo Rodríguez de Molina	100		

Miguel de Suazo	82	5	9
Sancho Torres 18 marcos de plata	130	2	3
Francisco Palomino 100	100		
Catalina de Casasola 14 marcos	101	2	9
Francisco Chamorro 9 marcos	65	1	5
Antonio de Cortés en 30 de minas	66	3	5
Bartolomé del Aguila 40 pesos de minas	66	3	5
Pedro Francisco 8 marcos	43	3	5
Juan de Torres 25 pesos de minas	41	2	10
Saldaña en 6 marcos	43	3	5
Alonso de Espinosa en 12 marcos	86	6	11
Alonso de Benabides en 30 pesos	30		
Luisa de Pineda en 8 marcos	58		
Pedro Garcés escribano 5 marcos	36	1	6
Millán Ortiz en 6 marcos	43	3	5
Cisneros en 20 pesos	20		
Pedro Núñez de Barrio Nuevo 3 marcos	21	5	8
	$2 484	9	7
Los que se concentraron en Zultepeque			
	Pesos	**Tomines**	**Granos**
Andrés López en 100 pesos de minas	160	3	
Pedro de Fojas en 50 pesos de minas	82	5	9
Esteban Miguel en 30 minas	49	5	
Juan de la Torre en	35	8	
Alonso Hernández	72	3	
Alonso de Carbajal en 39 pesos 5 tomines	39	5	
Juan López Carpintero	42	3	5
Juan Delgado	39	5	9
Alfonso Alvarez	82	5	9
Alfonso Gómez, herrero	66	1	4
Francisco Pérez de Vergara y su hermano	165	3	6
	$774	7	2
Son más estos			
	$165	3	6

En Zacualpo			
	Pesos	Tomines	Granos
Toro en $65 1T.2	65	1	2
Diego Sánchez $72.25.4	72	3	4
Alonso Nuñez 43 pesos 3T.6	43	3	6
	$170	6	10
En Talpujahua			
	Pesos	**Tomines**	**Granos**
Diego de Morales en $50 de minas	82	5	9
Miguel de Formosa en	66		9
Juanes de Vergara en	82	5	9
Hernán Vázquez	66	1	5
Pedro de Oviedo	33	8	0
	$413	4	9
En Guanajuato			
	Pesos	**Tomines**	**Granos**
Rodrigo Mejía en 160 pesos	$160		
Sancho de Figueroa 160 pesos	160		
Luis Ramírez de Vargas	160		
Juan de Villas en 160 pesos	160		
Francisco Mejía en 160 pesos	160		
Luis Ponce de León en 160 pesos	160		
Martín Jiménez en	160		
Juan de la Torre en	160		
Francisco de los Ríos en	160		
Pedro Marfil en	160		
	1 600		
Por la sumade atrás......$1 600			
Ambrosio Jiménez de San Martín			
Bartolomé Palomino en 120 pesos	120		
García de Contreras en	120		
Bernardo de Peralta en	100		
Pedro de Nápoles en	100		
Alonso de Vázquez, escribano en Antonio Ruiz	100		

(no tiene marcada cantidad)			
Francisco de Cabrera en 100 pesos	100		
Duarte Jorge en 100 pesos	100		
Juan Cantoral 100 pesos	100		
Cárcamo de Sta. Cruz en	30		
Diego Valenciano en 30 pesos	30		
Pedro Muñoz de Fa en	30		
Diego de la Torre, hijo de Juan de la Torre	20		
Antonio de la Torre en 20 pesos	20		
Bernaldo Navarro en 20 pesos	20		
Álvaro Barriga en	20		
Pedro Jiménez en 36 pesos 2t	36	2t.	
	$2,966	2t.	
En Temascaltepec			
	Pesos	**Tomines**	**Granos**
Diego de Sifuentes en 7 marcos	$50	5	3
Juan de Altamirano en 7 marco	50	5	3
Lorenzo de Giraldo en 7 marcos	50	5	5
Baltazar de Obregón el viejo 6 marcos	43	3	5
Gonzalo de el viejo en 5 marcos	36	1	6
Martín de Argueta en 5 marcos	36	1	6
Francisco Ayón en 4 marcos	28	7	8
Diego de Mendoza en 3 marcos	21	5	8
Juan Gallegos de la Carrera	21	5	8
Antonio de Avila y su hermano	100	0	0
Juan de Orillana en	33	8	0
Diego Montesino	33	8	9
Francisco Méndez en	33	8	0
Pedro López Montealegre en	33	8	0
Diego López de Aragón	72	3	3
El Contador Montúfar 5 marcos	36	1	6
Pedro de Castañeda en 3 marco	21	5	8
Baltazar de Obregón, el mozo, 4 marcos	29	0	0
Alonso Ortiz en 3 marcos	21	5	8

Francisco Herrada en 5 marcos	21	5	8
Alonso de Espinosa en 3 marcos	21	5	8
Francisco Gómez Medina 5 marcos	36	1	6
(*Roto original*)			
(*Roto original*)	21	5	8
Juan de Mendoza en 5 marcos....36	1	6	
Diego Martín Cuadrado en 25 pesos de minas.	41	2	10
Juan de la Barrera en 3 marcos	21	5	8
Antón Granjero en 5 marcos	36	2	10
Antonio de Sayas 6 marcos	43	3	6
El Doctor de la Torre en 66 pesos 1 tomin 5	66	1	5
El Lic. Bazán en 40 pesos de minas	66	1	5
	$1 187	7	2
En México			
	Pesos	**Tomines**	**Granos**
Alonso Ballesteros en 20 pesos	$50		
Miguel Rodríguez de Avecedo e Pedro	72	3	2
Nuñez de Badajoz en 10 marcos	$72	3	2
Monta TODO	$10 812		
	24		
Monta el cuarto	2 703.07		
Esto que deben en escrituras	2 371.46		
Restaría debiendo	331.4		
	Pesos	**Tomines**	**Granos**
	$2 722	2	10
	2 484	9	7
	840	2	8
	170	2	8
	413	4	9
	2 966	2	
	1187	7	2
	92	3	2
	18 877	6	6[102]

El listado es un portento de información, pues, como anota Fernández del Castillo, gracias a él pudieron conocerse a los principales mineros, si no, a todos, sí a los más progresistas de cada mineral. En el caso de Pachuca, por ejemplo, pueden citarse las figuras del acaudalado y caritativo Alonso de Villaseca, dueño de minas en el distrito de Itzmiquilpan, quien llegó a ser el hombre más rico de la Nueva España; Antonio de la Cadena, hijo del primer encomendero de Pachuca —que años después, sería su yerno al casarse con su hija Leonor— el factor Juan Velázquez de Salazar; don Juan de Cervantes Villafaña, probablemente hijo de Jorge de Alvarado; Juan de Añasco, doña Inés de Perea y otras muchas personas muy conocidas en la comarca y los otros minerales, comprendidos en el memorial.

En Guanajuato, por ejemplo, se menciona a Luis Ramírez de Vargas, padre de Ramírez del Águila, de quien tomó su nombre la calle Del Águila en México, y a Pedro Marfil, cuya casa y terreno aún conservan su nombre: Cañada de Marfi, ubicada cerca del Real de Guanajuato; otro caso es el de Baltasar de Obregón, tanto el viejo como el mozo, quienes explotaban minas en Tlalpujahua y algo parecido sucedía en otros lugares citados en la larga lista que elaboró Medina.

Independientemente de haberse dado a la tarea de visitar los ingenios donde tenía deudores para cobrar sus derechos, el sevillano inició también un procedimiento administrativo ante el virrey y la Audiencia a fin de extender los beneficios de la Merced a lugares de los reinos de Nueva Galicia y Nuevo Santander, donde otros muchos empresarios mineros se beneficiaban con su descubrimiento. Zacatecas era un ejemplo. Según Humboldt, para 1562 había allí 35 haciendas que usaban la amalgamación[73] las que, desde luego,

[73] Alexander Von Humboldt, *Ensayo político sobre el reino de la Nueva España*, México, Porrúa, 1966, p. 373.

no pagaban ninguna regalía; pues los mineros de aquellos reinos alegaron siempre que la Merced sólo tenía aplicación en el Reino de México, opinión que fue respaldada por las Cortes.

Primera Probanza en 1562

Además de la ambigüedad de la Merced otorgada por Velasco, en cuanto a los sitios donde debería aplicarse, el memorial de 1563 refleja también los bajos rendimientos que obtenía Medina, de donde puede explicarse la difícil situación económica que le agobiaba en aquellos años. Por ello, independientemente de la prórroga solicitada para continuar con el goce de las regalías otorgadas desde 1554, Bartolomé, se atrevió a gestionar ante el mismo virrey Velasco el establecimiento de una "pensión que reconociera el gran servicio prestado a la Corona por su descubrimiento". Esta prestación era común en esa época, ya que muchos fueron los españoles peninsulares, que gozaban graciosamente de cantidades anuales, otorgadas por el rey en reconocimiento a su actividad durante la Conquista o en el poblamiento de estas tierras. Con esa pensión, Medina pensaba obtener un ingreso más seguro mensualmente, que además de ahorrarle las preocupaciones derivadas del cobro a los morosos deudores que ocupaban su método, le daría la posibilidad de dedicarse por entero a la minería, a fin de obtener otro ingreso que mejorara su patrimonio y le permitiera traer a su familia a vivir con él.

La gestión para la obtención de regalías, denominada *Probanza*, era un procedimiento en cierto modo sencillo, aunque tardado debido a que la última palabra para otorgar tal prestación la tenía la distante Corona, era un trámite similar al de "limpieza de Sangre" establecido en España para probar que una familia no se había mezclado con herejes musulmanes o judíos y en consecuencia que su genealogía era limpia. A semejanza de aquellos procesos en la América del siglo XVI, cuando una persona quería recibir pensiones o regalías por los servicios prestados a España ya durante la Conquista o bien a lo lago de los primeros años de la colonización de estas tierras, el interesado debía probar mediante el testimonio de cuando menos cinco personas idóneas cuales eran sus méritos y los beneficios que había recibido la Corona, enseguida se agregaban cinco más, propuestos por la autoridad ante la que se sustanciaba la "Probanza". El expediente formado, con los testimonios y el parecer de la autoridad ante quien se realizaba la gestión, era remitido al Consejo de Indias, en el que se designaba un relator encargado de revisar el cabal cumplimiento de los trámites y de mandar reponer en su caso preguntas o diligencias omitidas, cumplido lo cual se ponía a consideración del rey.

Hacienda de Guadalupe en Pachuca, fotografiada por Abel Briquet a principios del siglo XX, cuando aún se usaba el sistema de Medina.

En los primeros años de 1562, Medina inició el procedimiento habitual, por el que solicitó se le asignara una pensión, debido al gran servicio que con su descubrimiento trajo a España y, en particular, a la Corona que, en el reinado de Carlos V, había ofrecido importantes regalías a quien encontrara la manera más rápida y sencilla para beneficiar la plata. Los cinco testigos ofrecidos por el peticionario fueron Juan de Placencia, su activo colaborador en los primeros ensayos en Pachuca; Francisco Ginovés, minero de Taxco y uno de los primeros en aplicar su método; Juan Torres, alcalde de Temascaltepeque; Juan de Cervantes, minero de Pachuca, y Miguel de Zuazo, antiguo amigo suyo en Sevilla. Todos respondieron a las preguntas delante del oidor Pedro Villalobos y aseguraron que Medina era el descubridor del sistema de la amalgamación con el que se había traído mucho beneficio a la Corona, pues resultó más barato y sencillo que cualquiera de los métodos anteriores.[74]

Ilustrativas resultan las respuestas de Francisco Ginovés cuando afirma: "El proceso de patio salvó la industria minera de la plata de un fracaso abyecto [...] hoy en día no habría ni una décima de minas trabajando y las que existieran no redituarían la décima, ni vigésima parte de su producción actual".[75]

Vinieron después los cinco testigos de oficio ofrecidos por la Audiencia, entre los que se encontraban *Juan Millán* y *Diego de Ibarra,* ambos mineros, siguió *Gonzalo de Cerezo,* alguacil mayor de la ciudad de México y concluyeron *Andrés Gutiérrez,* y *Hernando de Rivadeneyra,* este último, casero del metalurgista al llegar a la Nueva España.

[74] AGI, Probanza de Bartolomé de Medina. Enero de 1562.

[75] *Idem.*

Entre las respuestas del segundo grupo de testigos, resultan interesantes las de Gonzalo de Cerezo, quien señaló:

> Muchos mineros ahora ricos se habrían arruinado desde hace tiempo de no ser por el proceso de patio. Era tan barato, dijo, que hoy un hombre auxiliado por tan sólo dos esclavos puede producir suficiente plata para vivir muy bien, lo que era imposible antes con la fundición.[76]

Hernando de Rivadeneira, quien mucho influyó para que Medina se estableciera en Pachuca para realizar sus primeros ensayos, al conectarlo con su hermano Gaspar, uno de los más importantes empresarios mineros en los años de la primera bonanza pachuqueña, fue contundente al expresar:

> Que sabe y es notorio que Bartolomé de Medina fue la persona que primero fizo esta invención en Nova España como en el presente se hace. Y si no lo hobiera hecho, vendría en esta tierra muncho trabajo e necesidades porque se zacaba muy poca plata por no haber minerales de alta ley para beneficiarlos por fondición [...] e hoy por el azogue se benefician minerales de poca ley en las platas, que estaba perdidas por no poderse beneficiar por fondición.[77]

Las diligencias ante la audiencia concluyeron a fines de enero del propio 1562. El documento que las contenía, firmado por el vi-

[76] *Ibid.*, Probanza de 1562 a favor de Bartolomé de Medina. Testimonio de Gonzalo de Cerezo.

[77] *Ibid.*, Probanza de 1562 a favor de Bartolomé de Medina. Testimonio de Hernando de Rivadeneyra.

rrey Velasco y los oidores Francisco de Ceynos, Villalobos Rubio y el Famoso, Vasco de Puga fue remitido al Consejo de Indias para su revisión.

El parecer de Velasco que se incluyó en el pliego de pruebas fue enteramente favorable, pues volvió a confirmar al sevillano como inventor de la amalgamación para el beneficio de la plata y, resumió las respuestas de los testigos, al señalar de manera categórica el gran servicio que con ello había prestado a España.

El expediente fue turnado al licenciado Santander, quien se desempeñaba como relator del Consejo de Indias. La probanza debió haberse leído apresuradamente, comenta Probert, pues fue regresada para que se contestaran dos preguntas que ya lo estaban y una más que se deducía del cuerpo de respuestas contenidas en el documento enviado; éstas eran: ¿Qué beneficio había recibido la Corona con el proceso de patio? ¿y si se había otorgado ya algún favor Real? En caso afirmativo, ¿de cuánto? Finalmente, solicitaba del virrey, que señalara si era conveniente una recompensa adicional y por qué cantidad.[78]

Sorprendido Velasco, ante las anotaciones hechas por el relator del Consejo, se apresuró a dar contestación a lo solicitado. Aclaró, primeramente, la cuestión de las dos preguntas ya respondidas y, en seguida, dictó su parecer sobre la posibilidad de otorgar la pensión por parte de la Corona y entregó el documento al propio Medina quién estaba a punto de embarcarse rumbo a España, donde intentaría entrevistarse con el rey y de paso dejar el documento de la probanza en el Consejo de Indias.

[78] Alan Probert, *op. cit.*, p. 130.

El regreso a España

A mediados de 1563, no había llegado aún la respuesta sobre su pensión, lo que fue otro motivo para embarazarse lo antes posible a fin de acelerar el procedimiento en la metrópoli, sin soslayar que el motor más importante del viaje fue su deseo de ver nuevamente a su familia. Con el tiempo encima —recuérdese que no todos meses eran navegables para cruzar el Atlántico— se dirigió al virrey, solicitándole permiso para salir a España, lo que Velasco concedió de inmediato, además de suscribir una carta personal para el soberano hispano, en la que recomendaba la ayuda para el sevillano y se la entregó en propia mano, para que fuera el encargado de hacerla llegar al rey, he aquí el contenido de esa misiva cuyo duplicado quedó entre los papeles del archivo del virrey Velasco:

> Bartolomé de Medina ha estado en esta tierra ochos años y es la primera persona que Truxo a elle la inbención y manera de sacar plata con el azogue de que Vuestra Magestad a sido servido y la Real Azienda aumentada. Merece que se aga Mercé y así va a suplicarlo a Vuestra Magestad, aunque de mi parte e hecho por él, lo que e podido. Ará Relación desto y del estado que guardan las minas desta Nueva España y como hombre experimentado en ellas y onrrado se le podrá dar crédito a lo que en este caso dixere y mandarle azer la Mercé de que Vuestra Magestad fuere servido suya sacra católica Real persona guarde nuestro Señor y acreciente en más Reynos y señoríos. México XXV de mayo de 1563.

Dentro de los preparativos del viaje redactó el memorial de las personas con quienes había concertado el pago de los derechos por la Merced que el virrey le había concedido y en seguida se dirigió a la oficina del escribano Pedro Sánchez de la Fuente, delante de quien otorgó poder a la Cofradía del Santísimo Sacramento de la Caridad, en la Ciudad de México, para que en su nombre cobrara todas las deudas derivadas de la Merced, cuyo importe cedió por entero al Colegio de Niñas Huérfanas.

> Sepan cuantos esta carta vieren, como yo, Bartolomé de Medina, estante que soy al presente, en esta insigne y muy leal ciudad de México, de esta Nueva España, otorgo y conozco que doy y otorgo todo mi poder amplio, cuan bastante yo lo tengo e de derecho más puede e debe valer al re(c)tor y diputados e mayordomos de la cofradía del Santísimo Sacramento e caridad de esta dicha ciudad, que son y serán adelante especialmente para que por mí y en mi nombre y para el colesio se las guerfanas de esta dicha ciudad, que está incorporado en la dicha cofradía, puedan los susodichos o quien su poder pare ello viere, recibir y cobrar de las personas de yuso contenidas e de sus bienes de quien y con derecho… [*roto el original*]… de plata siguientes:
>
> *— de García Manuel de Pachuca cien pesos de oro de minas que debe por un conocimiento firmado de su nombre…*
> *— Doña Francisca de Nava cincuenta pesos de oro común que debe por un conocimiento…*
> *— De Alonso de Monleón en Tasco, tres marcos y medio de plata que debe por un conocimiento.*
> *— de Juan de Torres veinticinco pesos de dicho oro de minas que debe por un conocimiento…*
> *— de Inés Juárez, viuda, mujer que fue de Juan de la Garsa, difunto, once pesos y cuatro tomines de oro común que debe por un conocimiento…*

— Francisco de Mata 10 pesos del dicho oro que debe por un conocimiento… vive en México en el Barrio nuevo.
— de Andrés López de Céspedes en Zultepeque seis marcos de plata que debe por un conocimiento…
— de Gonzalo de Portillo cinco marcos de plata que debe por un conocimiento…
— de Esteban Miguel treinta y dos pesos del dicho oro común que debe por un conocimiento de resto de él…
— de Baltasar de Bonilla, en Estemascaltepeque veinte pesos de oro de minas que debe por una obligación…
(al margen dice: murió)
— del doctor de la Torre, quince pesos y cuatro tomines que debe de resto de un conocimiento.
— de Baltasar de Obregón el mozo, veintinueve pesos del dicho oro común que debe por un conocimiento…
— de Pedro López Montealegre, treinta y tres pesos y ocho granos de oro común que debe por un conocimiento…
— de Diego Montesinos, treinta y tres pesos y ocho granos de oro común que debe por un conocimiento.
— de Francisco Méndez treinta y tres pesos y ocho granos del dicho oro común que debe por un conocimiento.
— de Hernando de Bazán cuarenta pesos de oro de minas que debe por un conocimiento…
— de Antonio de Avilés y Francisco de Ávila, su hermano cien pesos de oro común que debe por un conocimiento…
— de Juanes de Olays de Tulpujagua, cincuenta pesos de oro de minas que debe por un conocimiento…
— de Juanes de Agara, cuarenta y nueve pesos e cinco tomines de oro común que debe de resto de un conocimiento…

— de Miguel de Hermosa, veintinueve pesos y cuatro tomines que debe de resto de un conocimiento.

— de Rodrigo Mejía en Guanajuato, setenta pesos de oro común que debe por una obligación...

— de Luis Ramírez de Bargas, ciento y siete pesos de oro común que debe por una obligación... (Esta es la de Pedro de Salazar que di a Cornejo) ...

— de Francisco de los Ríos y Juan Guerrero y de Juan de Santa Cruz de cualquier de ellos ciento y seis pesos y seis tomines de oro común que deben por una obligación... (al margen: murió Rios*).*

— de García de Contreras, ochenta pesos del dicho oro común que debe por una obligación. Esta llevo yo...

— de Juan de Cantoral, sesenta y siete pesos del dicho oro común que debe por una obligación...

— de Sancho de Figueroa, ciento y seis pesos y seis tomines del dicho oro común que debe por una obligación...

— de Ambrosio Jiménez de San Martín noventa y nueve pesos e seis tomines del dicho oro común que debe de resto de una obligación... (al margen dice: yo la tengo).

— de Alonso Vázquez trescientos sesenta y siete pesos del dicho oro común, que debe por una obligación...

— de Luis Ponce de León, cincuenta y siete pesos del dicho oro común que debe de resto de una obligación...

— de Juan de Villaseñor, ciento y seis tomynes del dicho oro común que debe por una obligación...

— de Fernando de Peralta, cincuenta y siete pesos del dicho oro que debe por una obligación...

— de Pedro Marfil ciento y seis pesos e seis pesos e seis tomines que debe por una obligación...

— de la hacienda y bienes de Francisco Marín, difunto, cincuenta y tres pesos y cuatro tomines que debe de resto de una obligación... (al margen: murió).
— de Bernaldo Navarro, veinte pesos del dicho oro común que debe por una obligación... (al margen: murió).
— de Alonso Ballesteros, veinte pesos del dicho oro común que debe...
— de Miguel Rodríguez de Acevedo, diez marcos de plata que debe por un conocimiento que está en poder del dicho Alonso Ballesteros y cobrados y recibidos los dichos pesos de oro. De las personas susodichas, los ayays para el dicho colesio, como cosa suya que le pertenece, y a de aver por razón de la donación que yo hice al dicho colesio, de la cuarta parte de lo que se me diese de la Merced, que me fue fecha por el Ilustrísimo señor en nombre de Su Majestad...............
De lo del beneficio, del azogue e conforme a la escritura e recaudo que de ello hizo al dicho Colesio a que me refiero, la
la cual se queda en su fuerza y vigor e renuncio que no pueda decir ni alegar que lo susodicho no fue ni pasó así e si lo dijere o alegare que tiene, non vala en esta razón, en juycio ni fuera del e para que de lo que recibieren y cobraren puedan dar e otorgar las cartas de pago e de finiquito que fueren necesarias, las cuales y cada una de ellas balan y serán firmes y balederas como si yo las diese e otorgase, e a ello presente fuese y renuncio y trespaso en el dicho colesio en los dichos retor, y diputados y mayordomo de la dicha cofradía en su nombre, todo el derecho e acción que yo tengo contra las personas susodichas y cada una de ellas e sus bienes para la cobranza de ello que dicho es les hago, procuradores, autores, ansí como en su dicho y causa propia los... (roto el original)..
pesos de oro e marcos de plata que así traspaso, los hago todos ellos ciertos, debidos e por pagar, e me obligo que si no se los pagaren

las dichas personas, cada que les fueren pedidos que con solamente pedírselos y no los pagaren, que sin que la parte de la dicha cofradía e colesio sea obligado a hacer otra diligencia, más que jurar que se les pidieron a las tales personas y no los pagaron; que el día e luego que lo tal parezca y se los dareis e pagaré de contado a la parte que de ellos jurare habérsele dejado de pagar y si otra cualquier diligencia quisiere hacer la puedan hacer, cada y como quisiere facer , cada y como quisieren, sin que sea visto para ellos perjuicio alguno para los dejar de cobrar de mí, o de mis bienes, aunque hayan comenzado a pagar parte de la deuda y en razón de la dicha cobranza, si fuere necesario, puedan parecer en juicio a facer todos los pedimentos e requerimientos e protestaciones, embargos e juramentos, ejecuciones, prisiones, ventas e rremates de bienes e todos los demás autos diligencias que convenga, de se facer, hasta lo haber y cobrar todo ello y se entiende que del riesgo que obiere la cobranza, de ello, a de ser a cargo del dicho colesio la cuarta parte y no más e para lo que dicha es, les doy el dicho poder con sus incidencias e dependencias e anexidades e con libre y general administración y les relievo según de derecho, e para lo ansí cumplir e pagar e aver por firme todo ello, según dicho es, obligo mi persona y bienes abidos y por aber, e otorgué la presente ante el escribano y testigos de yuso escriptos, que es fecha en esta dicha ciudad a diez y siete días del mes de mayo de mil e quinientos e sesenta e tres años, testigos que fueron presentes a lo que dicho es, Antón García de Godoy e García de Padilla e Hernando Negrete y Alonso Hernández, escribano de Su Majestad, vecinos y estantes en esta dicha ciudad e yo, el escribano yuso escrito [sic] doy fe que conozco al dicho otorgante, Bartolomé de Medina, pasó ante mí Pedro Sánchez de la Fuente, escribano de Su Majestad presente fuy a lo que dicho es, con los dichos testigos, e por ende fise aquí este mio signo en testimonio de verdad. Pedro Sánchez, escribano de Su Majestad [va sobre renglones López y Balga].[79]

Las deudas contenidas en la carta poder superaban la cuarta parte de los rendimientos de la concesión que Medina había cedido al colegio de niñas huérfanas, pero bien sabía la enorme dificultad para su cobro: sólo una institución eclesiástica, como la Cofradía del Santísimo Sacramento y de la Caridad, podía hacerles efectivas. Nadie en esa época se oponía a la Iglesia, que tenía tanto o más poder que el Estado. Cumplía así con la promesa formulada a la Virgen y ratificada en escritura pública.

Consigna Josefina Muriel, en su libro *La sociedad novohispana y sus colegios de niñas* que Medina, donó al colegio donde se educaba su hija "Clara" el usufructo perpetuo de la cuarta parte de lo que se obtuviera de su invento,[80] dato curioso, dado que el sevillano tenía entonces a su familia en España y, más aún, que estuviera registrada con tal calidad, una niña con el nombre de "Clara" no mencionada en ninguno de los documentos que sobre Medina se conocen, además de adolecer de fecha, debido a lo cual es probable se trate probablemente de una nieta inscrita en el colegio de las vizcaínas muchos años después del descubrimiento.

Antes de embarcarse, recogió la carta que el virrey enviaba por su conducto a Felipe II, informándole sobre los pormenores del procedimiento de la amalgamación y los beneficios traídos por éste a la Corona. El documento fue suscrito diez días después de haber otorgado el poder, es decir, el 17 de mayo de 1563.

[79] Francisco Fernández del Castillo, "Algunos documentos...", *op. cit.*, pp. 86-91.

[80] *Ibid.*, p. 229.

Hacienda de Loreto en 1883. Se aprecia en sus patios la utilización del sistema de amalgamación.

Una aciaga travesía

Medina separó pasaje en una flota que estaba a punto de salir del puerto Veracruz con rumbo a España, la caravana marítima zarpó, encabezada por la nave *Capitana*, que era el *Tristán de Salvatierra*, cuyo mando estaba a cargo del general Juan Meléndez, hijo de uno de los conquistadores de la Florida, el también general Pedro Meléndez de Avilés, en tanto que *La Almiranta* era capitaneada por Rodrigo de Bazo.[81]

Es inexplicable que hubiese zarpado en días cercanos a la segunda quincena del mes de julio, fecha casi prohibida para hacer la travesía a España, debido a los huracanas que se forman en el espacio comprendido entre las Bahamas, y las Bermudas obligado paso para las embarcaciones. El propio Medina, en una carta suscrita posteriormente, afirma que fue por esas fechas cuando atravesaron la zona:

[81] Alan Probert, *op. cit.*, p. 131.

una tormenta precisamente en el canal de las Bahamas dispersó las naves del convoy donde viajaba Bartolomé; los marineros lucharon por sostener a flote el galeón que capitaneaba la flota, pero todo fue en vano: *La Urca* —barco donde se trasportaban varias barras de plata y oro para España— naufragó. Meléndez estaba entre los 35 hombres que murieron. Algunos sobrevivientes fueron rescatados más tarde por la Almiranta, Medina entre ellos.[82]

En el *Tristán de Salvatierra* quedaron las pocas riquezas que llevaba a los suyos y lo más lamentable es que allí se perdió también la carta que el virrey Velasco enviaba al rey, así como las respuestas para el Consejo de Indias, en relación con las probanzas de la primera Relación de Méritos. Promovida por el metalurgista sevillano.

Nuevamente en Sevilla

Al llegar a Sevilla, no llevaba más que la ropa que traía puesta, de modo que, para ese momento, su patrimonio se redujo a la pequeña casa familiar que poseían en el barrio de Santa María Magdalena, pues las otras propiedades que tenía en Sevilla, fue necesario venderlas para el sostén de la familia, que en ese momento lo que más valoró fue de aquel extraordinario hombre que regresaba de América tan lleno de ilusiones como cuando se fue. Como la carta que traía para el rey se había perdido en el naufragio, decidió redactar él mismo un nuevo documento que, por cierto, no fechó:

[82] *Idem*.

Muy poderoso señor

Bartolomé de Medina, vecino de Sevilla digo que yo soy el que di la industria de sacarse la plata de los metales con azogue y a ello a más de 10 años que fui a Nueva España dejando mi casa, mujer e hijos. Pareciéndome de grande el servicio que a vuestra alteza hacía trabajando con mi persona y espíritu, haciendo experiencias y ensayes, gastando mi tiempo y hacienda hasta que fuera el señor servido, de que lo sacase a luz, como lo saqué en lo cual gasté mucho tiempo sin ocuparme e otra cosa y con muy gran trabajo y costa mía y sacado en limpio di noticia de ello a Luis de Velasco, virrey, el cual entendiendo el gran bien y beneficio que de ello toda la tierra recibía y lo mucho que importaba el aumento de vuestras reales rentas me dio licencia para que pudiese usar de la dicha industria yo o quien yo dispusiese y no otra persona. Y en vuestro real nombre me ofreció que se me harían muchas Mercedes y ha sido de tanto efecto que toda la tierra ha recibido gran bien y beneficio y mediante ello está aumentada y ennoblecida y dichas rentas reales muy acrecentadas y ha sido tan importante que si no la hubiera no se pudiera ya beneficiar los metales de plata que en aquel reino no hay por fundición por ser tan bajo de ley y con la industria que yo di para ello del azogue se saca ahora la plata y no de otra manera y con facilidad y poco trabajo y si est*á* yo no la hubiera dado no se sacara al día de hoy plata y toda la Nueva España, hubiera venido a mucha disminución, porque esto de la plata que se saca el día de hoy es por azogue y no por fundición, porque no hay metales para fundición, como es público y notorio y como consta por esta información que presento y por una carta que escribí al virrey.

Asimismo, se hizo información de oficio por presidentes y oidores de la Audiencia real de México la cual ha de estar en poder del secretario, suplico a vuestra alteza mande que se junte todo y resuelva y vea.

Aunque el servicio que en esto he hecho ha sido tan notable y señalando en que he gastado gran parte vida y hacienda, ahora viniendo de residente de la dicha ciudad de México a estos reinos en la flota que venía por general el hijo de, Pero Meléndez en la Capitana y urca de Real Caja se me perdió casi todo cuanto traía y fue nuestro señor servido de que yo escapase en la nao Almiranta que aportó *[sic]* en Monte Christi y hasta ahora no se me ha hecho Merced ninguna.

Por ende a Vuestra Realeza pido y suplico que pues vuestro virrey me tiene ofrecido que se me haga Merced y a vuestra alteza le es tan natural hacerlas a sus súbditos y vasallos y señaladamente a quien le ha servido en recompensa de tan y gran beneficio y bien como ha recibido toda la Nueva España y del gran servicio que a vuestra alteza en aumento de sus reales diezmos y quintos he hecho y los grandes gastos, trabajos perdidos de mi hacienda que he padecido, se me haga Merced de 2.000 pesos cada año durante el tiempo de mi vida y de mi mujer, situados en vuestra caja real de dicha ciudad de México. Porque según nuestra edad que pasamos de 60 años lo que nos resta de vivir es poco y cuando esto no haya lugar se me de licencia para usar 200 piezas de esclavos sin pagar dicho coste, y en ello recibiré bien y Merced.[83]

La mesurada posición adoptada en el pedimento, fue producto de dos circunstancias; la primera que Carlos V, el monarca que ofreció diversas canonjías para el descubridor de un sistema más pronto y barato en el beneficio de la plata americana, había muerto el 21 de septiembre de 1558, aunque había abdicado dos años antes

[83] AGI, Indiferente General 1381 (el documento no tiene fecha).

y la política de su hijo Felipe II, su sucesor en los reinos de España e Indias, era enteramente diferente a la de su padre en materia de regalías y premios; la segunda derivó de que el nuevo Monarca, asumió el trono cuando la Corona Española era la más grande deudora del mundo y el déficit de las fianzas públicas, era enorme, pues se gastaban grandes sumas en las diversas guerras que sostenía en ese entonces. Por otra parte, España, marchaba al fracaso seguro, debido a la aplicación de una mal entendida economía mercantilista, con la que Flandes y Alemania, resultaron más beneficiados que la propia España, pues los torrentes de plata americana sólo circulaban por la península para ser gozadas por esos países.

La respuesta, dice Manuel Castillo Martos, se inscribió en el anverso de la misiva mediante la cual se ordenó:

> Que se le dé cédula y provisión real dirigida al virrey de Nueva España para que persona que ha tenido y tiene la cosa presente informe de la utilidad y provecho que se ha seguido con la invención del azogue que Bartolomé de Medina llevó a aquella tierra y que Merced le hizo al dicho Bartolomé de Medina para que él o quien su poder diese y no otro alguno use de la dicha Merced y si fue temporal o perpetua y si fue gratificación suficiente según el beneficio que se siguió de la dicha invención y qué provecho pudo haber de ella el tiempo que la ha tenido y si le queda algo por correr de la dicha Merced *y si será bien hacerle su gratificación para que pueda quedar remunerado y de lo demás que le pareciere cerca de esto para que visto todo se provea lo que convenga y sea justicia.* [En la página siguiente aparece: Bartolomé de Medina, inventor de beneficiar la plata con azogue pide 2.000 pesos y 200 licencias de esclavos.][84]

[84] Manuel Castillo Martos, *op. cit.*, pp. 133 y 134.

Todo indica que este último documento fue tan sólo un proyecto de respuesta que nunca se llevó a la práctica, pues no existe constancia de que fuese obsequiado con la suma de 2000 pesos fijados periódicamente ya en la Real Caja o en la de la ciudad de México, ni mucho menos que hubiera gozado con la licencia de 200 esclavos. Sin embargo, todo indica que Felipe II volvió a pedir nuevos informes al virrey sobre los beneficios obtenidos con la aplicación del sistema de amalgamación y la petición de Medina se convirtió en un trámite burocrático más que no se resolvió nunca.

La infructuosa espera le hizo considerar la conveniencia de dedicarse nuevamente al comercio en Sevilla, lo que era prácticamente imposible dado que al fracaso en el Sindicato de Seguros Marinos se sumaban la falta de relaciones en la red de transportistas y en los círculos de comerciantes, pero, ante todo, carecía del capital indispensable para lanzarse nuevamente a esta actividad, por lo que no tuvo más alternativa que regresar a la Nueva España, donde aún tenía su hacienda en Pachuca —la Purísima Concepción, levantada en las faldas del cerro de la Magdalena—, en la que conservaba relaciones con prósperos mineros de la zona central de aquel virreinato. Sería minero, no mercader y a los mineros se les aceptaba en los círculos más elevados, pues formaban una clase respetable, condición que podría ofrecer a sus dos hijas solteras —la mayor había profesado en el convento de San Agustín de Sevilla y la segunda contrajo nupcias en esa misma ciudad— y aún tenía a su hijo Lesmes, a quien debía que ofrecer un futuro halagüeño y eso sólo podría lograrse en América. Decidió, entonces, embarcarse en compañía de su familia y regresar al Nuevo Mundo, donde se dedicaría por entero a la minería. De modo que realizó los preparativos para hacer el viaje en compañía de su esposa, sus dos hijas aun solteras y su hijo Lesmes, a quienes pensaba dar un mejor futuro en América.

Regreso a Pachuca

Tras la decisión de regresar a Pachuca inició los preparativos para el viaje, lo primero fue liquidar el pasado europeo para lo que decidió vender todo cuanto tenían en Sevilla a efecto de financiar el viaje y lo sobrante dejarlo en manos de corredores y amigos para que lo negociaran. Gestionó también algunos préstamos como el que recibió de Lope de Molina, a quien más tarde pagaría desde Pachuca.[85]

En mayo de 1565, los Medina estaban todavía en España, según se deduce de la contratación que hizo con el referido Lope Molina,[86] aunque fue alrededor de esas fechas cuando se embarcó con destino a la Nueva España, al respecto, Castillo Martos da cuenta de un temprano y breve oficio, dictado por Felipe II en Aranjuez, en el que, desde el 18 de octubre del año anterior —1564— ordenó a los oficiales de Sevilla "dejen volver a la Nueva España a Bartolomé de Medina, llevando consigo a su mujer y a sus hijos solteros quienes se embarcaron en la nao maestre Francisco Rebollo".[87]

Con Bartolomé, viajaron a América su mujer Leonor de Morales, sus hijas Francisca de Morales e Inés Alvarado,[88] así como Lesmes el único hijo varón que sobrevivía, además, los acompañaron cuatro criados, para los que debió conseguirse la llamada

[85] AHPJEH, ramo Protocolos. Escribano Pedro Morán. Carta obligación suscrita el 20 de octubre de 1572.

[86] AHPJEH. En el documento señala haber contratado con Molina el 17 de mayo de 1565 ante la fe del escribano Pedro de la Coba.

[87] Manuel Castillo Martos, *op. cit.*, p. 136.

[88] Hasta el siglo XVIII, la imposición de apellidos era realmente caótica, pues los padres decidían arbitrariamente el que deberían llevar sus hijos. A veces escogían el lugar de su nacimiento, el suyo o el de la madre; también podían escoger el de algún personaje ilustre de la familia o cualquiera otra modalidad, de allí los distintos apellidos de las hijas de Bartolomé de Medina y Leonor de Morales, su esposa.

Licencia Preceptiva "o permiso para viajar al nuevo continente: María Bonifaz, natural de Burgos; Isabel de Morales, originaria de Sevilla, Francisco Ruiz, nacido en Córdova y Juana Rodríguez",[89] estos cuatro sirvientes eran prácticamente el último rescoldo de los buenos tiempos, personajes que, como era costumbre, pasaban a ser una especie de entenados, que permanecían en el seno de las "familias de bien" a cambio de alimentos, vestido y alojamiento, con alguna paga y se distinguían del resto de la servidumbre, por la gran confianza que recibían de sus empleadores.

En el viaje hicieron amistad con Baltasar de Guerrero, quien, años después, atestiguaría en una segunda probanza iniciada a instancias de Bartolomé. Ya en Veracruz, sanos y salvos, se separaron. Guerrero se avecindó en Zacualpan como minero y los Medina se dirigieron a Pachuca.

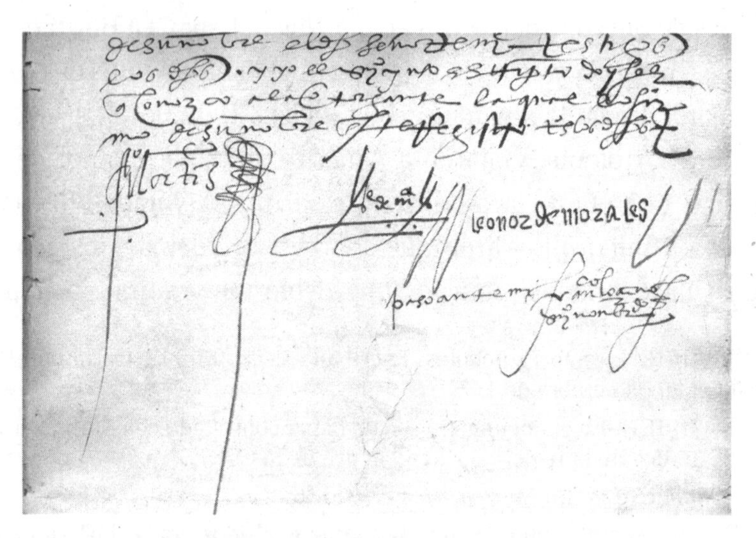

Firmas de Bartolomé de Medina y Leonor de Morales, su esposa. (Archivo Histórico del Poder Judicial).

[89] AGI. Casa de Contratación 5537, lib. 3, exp. 78. Pasajeros, 9 de mayo de 1565, lib. 4, exp. 3801, 3803 y 3805.

Reincorporación a la minería

Hasta hace poco tiempo se desconocían las actividades de Bartolomé de Medina a partir de su regreso a la Nueva España. Todo quedaba en el terreno de la conjetura y las hipótesis, mas al ser descubierto en 1977, el Archivo Histórico del Poder Judicial del Estado de Hidalgo[90] y sometido su acervo documental a una sistemática clasificación y, luego, a una amplia investigación de su contenido, se conocieron diversos datos con los que fue posible despejar varias dudas sobre la vida del metalurgista sevillano.

Antes de este hallazgo, la mayor parte de los investigadores dudaba de que Medina hubiese radicado en Pachuca y el mismo Probert, que tanto profundizó en la vida de este personaje, señalaba que "la ciudad no conserva documento alguno sobre su estadía [...]". Hoy, gracias a decenas de documentos de este repositorio judicial, existe la posibilidad de dar a conocer diversos aspectos en la vida de tan singular personaje y de quienes vivieron cerca de él en la segunda mitad del siglo XVI.

La documentación del archivo mencionado abarca una larga etapa de sus actividades entre 1569 y 1585, relativa a los últimos años de su vida, ello, además de una temprana comparecencia procedente del 02 de mayo de 1556, en la que se obliga a pagar una cantidad en pesos a Cristóbal de San Martín. He aquí, en lo sustancial, su contenido:

[90] Archivo Virreinal de las antiguas Alcaldías Mayores asentadas en el hoy territorio hidalguense, descubierto y preclasificado en 1977 por los historiadores José Arias Esteve, José Vergara Vergara y Juan Manuel Menes Llaguno.

> Sepan cuantos esta carta viere, como yo Bartolomé de Medina vecino de la ciudad de Sevilla, estante en las minas de Pachuca de esta Nueva España, otorgo e conozco por esta carta, que me obligo por mi persona e bienes muebles e raíces, habidos y por haber de dar e pagar e pagaré a vos Cristóbal de San Martín Caballero de la Cruz de Santiago de la Ciudad de México [...] la cantidad de Mil cuatrocientos e treinta y tres pesos y tres reales y medio de oro de minas. [...] En las dichas minas de Pachuca a los dos días del mes de mayo del año de mil e quinientos e cincuenta y seis años, ante los testigos Bartolomé Gutiérrez y Gaspar Sánchez de Castañeda. Escribano Esteban Martín Vázquez.[91]

Obsérvese que en esta comparecencia se confesaba *estante en las minas de Pachuca* y no *vecino y minero* como lo hará a partir de 1569, lo que indica que, aquel primer momento, no obstante ser propietario de la Hacienda de Purísima, donde hizo su primera práctica exitosa del sistema de amalgamación, Medina no radicaba permanentemente en la comarca, como sucederá en los documentos suscritos después de 1569 en los que si utiliza la fórmula *vecino* o *residente* de este Real de Minas. Por otro lado, debe también tomarse en cuenta que, cuando suscribió el documento arriba transcrito, apenas habían transcurrido un año y meses del descubrimiento y para esas fechas su mayor preocupación era cobrar los dividendos que le había otorgado el virrey Velasco, actividad que le obligaba a viajar constantemente.

En el segundo periodo de su establecimiento en Pachuca, la documentación existente en el Archivo Histórico del Poder Judicial del Estado de Hidalgo es abundante y variada en datos de importan-

[91] AHPJEH, ramo Protocolos. Escribano Esteban Martín Vázquez; 2 de mayo de 1556.

cia, lo que permite reconstruir diversos puntos de su vida en este antiguo Real.

Los años inmediatos a su regreso fueron, seguramente, difíciles, pues sólo contaba con la casa e ingenio de la Purísima Concepción, no tenía minas y los contratos para beneficiar mineral de otros fundos en su hacienda poco le aportaban.

La prórroga de la Merced había fenecido en 1566 y ya no contaba con la ayuda de Velasco, pues éste había muerto en 1564 —cuando Medina estaba en Sevilla— y tanto el virrey que gobernaba, don Martín Enríquez de Almansa, como su predecesor, don Gastón de Peralta, aplicaban nuevas y más restrictivas políticas en materia de concesiones y regalías otorgadas por la Corona, ya que la crisis generada por la Revolución de los Precios en Europa había llegado a puntos insospechables.

Hacia 1569, el depauperado patrimonio de la familia se veía amenazado por innumerables acreedores, entre quienes se encontraba la propia Corona, monopolizadora del azogue, a la que Medina había comprado varios quintales a crédito. Probablemente debido a esa precaria situación económica, se localizó una curiosa comparecencia de su esposa doña Leonor de Morales, fechada el 30 de diciembre de ese año, realizada ante el escribano y teniente de alcalde de Pachuca, en la que en primer término Leonor solicita de su esposo —Bartolomé— licencia para poder demandar[92] y, una vez éste se la concede, ella otorga poder a Hernando de Montalvo, a Lope de Sande y a Francisco de Morales, este último pariente suyo, para que en su nombre demanden al propio "Bartolomé de Medina, el pago de una pensión y la devolución de la dote y arras entregada

[92] De acuerdo con la legislación de la época, la mujer no podía iniciar contrato o negocio jurídico ninguno si no tenía autorización de su padre, tutor o, en el caso de ser casada, de su marido.

con motivo de su matrimonio, la que hace consistir en dos mil ducados de Castilla”.[93]

Por el contenido de la comparecencia podría pensarse que Bartolomé y Leonor se habrían separado en diciembre de 1569, fecha del documento antes referido, sin embargo, varias constancias permiten saber que no fue así; la más clara deriva de una actuación realizada el 4 de marzo de 1577, ante el escribano Pedro Morán, en cuyo encabezado puede leerse “Leonor de Morales, mujer legítima de Bartolomé de Medina, otorga poder a Lesmes de Palencia, vecino de Sevilla [...]”.[94] Todo ello permite suponer que la demanda en contra de su marido fue simplemente una argucia judicial, por la que Leonor salvó de los acreedores una mínima parte del patrimonio familiar amenazado de embargos o secuestros judiciales de bienes.

Todo cambió para los Medina en la siguiente década, como se deduce de un gran número de documentos hallados en el multicitado Archivo Histórico del Poder Judicial del Estado de Hidalgo, de los que se infiere que tanto Bartolomé como su hijo Lesmes lograron superar las penurias que les amenazaron desde antes de su regreso a Pachuca. Lo primero fue cobrar algunas deudas que existían en favor del sevillano, como se infiere de una comparecencia fechada el 20 de octubre de 1572 en la que otorgó poder a Lope de Molina, vecino de la ciudad de Sevilla, para que a su nombre cobrara una deuda traducida en marcos de plata,[95] misma que ratificaría en febrero del año siguiente; en segundo término,

[93] AHPJEH, ramo Asuntos Civiles. Comparecencia ante el teniente de alcalde Mayor de Pachuca, Don Alonso Ortiz, de fecha 30 de diciembre de 1569.

[94] AHPJEH, Protocolos de Pachuca. Escribano Pedro Morán, V, caja 3, protocolo 21, fs. 8 y 9

[95] AHPJEH, Protocolos de Pachuca. Escribano Pedro Martí, V, caja 2, protocolo 7, e. 3.

figuran varias diligencias, como la suscrita el 17 de diciembre de 1572, en la que Bartolomé concedió poder a Baltasar de la Cadena y a su hijo Lesmes, para cobrar por el uso de su invención diversas deudas atrasadas, de donde se sigue que para esas fechas al no existir prórroga de la Merced otorgada en 1554 prorrogada en 1560 hasta 1566, había aun muchos deudores que no habían cubierto en su oportunidad los derechos ordenados en esa patente.

Por otro lado, a medida que avanzaba la década de los sesenta de aquella décimo sexta centuria, los asientos de compra de mercurio a la Corona se hicieron cada día más frecuentes, de donde se deduce que Medina, dedicado a comprar piedras minerales de baja ley, que por ser incosteable someterlas al beneficio por fundición, eran desechadas y depositadas en terrenos llamados *escombreras*, beneficiar con su método estos desechos le resultó sumamente redituable y con los dividendos obtenidos pudo seguir con su plan de saldar deudas y compromisos y mejorar las condiciones de la casa que habitaban en la Hacienda de la Purísima Concepción en Pachuca.

El gran valor del nuevo sistema radicó, precisamente, en la posibilidad de beneficiar minerales de baja ley, pero para esos años eran muchos los mineros reticentes a utilizarlo y continuaban con la aplicación del viejo tratamiento de fundición, que dejaba muchas piedras meneras, sin refinar, con lo que se aumentaba el material acumulado en las escombreras, que era precisamente el que adquirían a muy bajos precios Bartolomé y su hijo Lesmes, para someterlo al de patio en su Hacienda de la Purísima Concepción, con lo que se ahorraban la parte más costosa, del proceso de minero —apertura del socavón, labores de barrenamiento y tumbe del mineral, así como el acarreo hasta la superficie— de modo que su único costo era la aplicación de su fórmula para lograr la amalgamación; esto permitió a los Medina levantar cabeza y salir de todos sus problemas. Por otra parte, todo indica que actividades como ésta proliferaron por aquellos años en la Nueva España. Al respecto, Juan Suárez de Peralta transcribe una de las leyendas de mayor tradición en el Pachuca de finales del siglo xvi, en la que se narra esta manera de trabajo en la comarca:

> Han enriquecido muchos con lo que echaban a mal de los metales, que son los desechaderos; es de esta manera: cuando se beneficia el metal por fundición, los que dejaban, que no tenían la ley que bastaba para fundirle, echabanlo a mal, y las hornuras de las cendradas, y veníase a hacer un terreno de aquello, que había mucha cantidad de quintales de metal desechado. Y como vino el azogue, y veían sacaba plata de tierra simple, a manera de decir, vino un clérigo en las minas de Pachuca, y ensayó un poco de metal de aquellos desechaderos, y vio que le había acudido a más de a tres onzas; y vase el señor de aquel terreno y dícele: Véndeme aquel desechadero que tenéis, que le quiero para cierto negocio. El otro, que no le tenía en nada, vendióselo por cíen pesos, que son ochocientos reales, y hacen su escritura carta de venta, y compra azogue y da en beneficiarlo, y empieza a descubrir gran riqueza. Juróme un caballero que lo vio, que había sacado más de cuarenta mil ducados, y no valía lo que el clérigo tenía ciento. Yo le conocí después, que tenía una casa de obispo y fama de muy rico, porque compró otros, y en efecto él enriqueció y halló buenaventura, por lo que el otro tenía desechado. Yo hallo que el que ha de ser rico, durmiendo le han de venir a buscar los bienes, como hicieron a este buen clérigo. Y tenía el otro el tesoro en casa, y lo veía por momentos y no le conocía. Ello no era suyo y así no lo gozó, que lo guardaba Dios para el clérigo. De allí en adelante, han ido sacando mucha plata de los desechaderos.[96]

[96] Juan Suárez de Peralta, *Tratado del descubrimiento de las Indias,* México, Secretaría de Educación Pública, 1949, p. 104.

Esta deliciosa referencia de Suárez de Peralta, que se remonta al periodo del virrey Luis de Velasco, mezcla dos hechos diacrónicos; por una parte, se refiere a la orden dada en Pachuca por un clérigo para utilizar el azogue en el beneficio (al respecto recuérdese que a Medina se le confundió por mucho tiempo con un religioso dominico, contemporáneo y homónimo suyo) y, por la otra, el autor hace referencia al enriquecimiento de tal personaje al aplicar la amalgamación a los desechos mineros, como sucedió con Medina al instalarse definitivamente en Pachuca con su familia. Es probable que ambas narraciones se refieran, precisamente, a nuestro metalurgista sevillano, entonces considerado un enigmático habitante de las minas de Pachuca.

Gracias a los rendimientos aportados por el beneficio del material que otros desechaban, el metalurgista sevillano pudo reunir el dinero para otorgar la dote de matrimonio de sus dos hijas solteras. La primera, Francisca, que casó con Alonso de Carbajal, y se fue a radicar con su marido a la Ciudad de México; en tanto que la menor, Leonor, contrajo nupcias con el hijo en segundo matrimonio[97] de Antonio de la Cadena y doña María Vásquez de Bullón.[98] De la Cadena padre fue el segundo encomendero de Pachuca y desempeñó diversos cargos públicos de importancia en el gobierno de la Nueva España.

Lesmes se dedicó por entero a auxiliar a su padre en las actividades del beneficio metalúrgico emprendidas en Pachuca. Con cierta frecuencia se le menciona en comparecencias que protocolizaban

[97] Los documentos que se conocen de este personaje señalan que tuvo tres hijos, de nombres Gaspar, Melchor y Baltasar, de donde se deduce que Antonio, casado con Leonor de Medina, fue hijo de otra unión del primer encomendero de Pachuca.

[98] Guillermo Porras Muñoz, *El Gobierno de la Ciudad de México*, México, Universidad Nacional Autónoma de México, 1982, pp. 217-218.

compras de azogue, ventas de barras aviadas de mena,[99] poderes para integrar compañías y alianzas y otras operaciones efectuadas con distintos mineros de la región. Así, el 20 de agosto de 1572, en un asiento realizado ante el escribano Pedro Morán, Bartolomé le otorga poder a Lesmes para comprar "en el lugar que sea, tres quintales de azogue al contado o fiados y por el precio de pesos oro que los haye *[sic]* y a precio de lo que es costumbre".[100]

Ese mismo día realiza otra comparecencia, por la que otorga a su hijo poder para vender a "Alonso de Villaseca o cualesquier otra persona o personas de cualesquier estado e condición, cinco barras aviadas, que yo tengo en las minas del Real del Monte de estas minas de Pachuca, en la mina que llaman de El Rosario, que hube y compré de Manuel Pimentel".[101]

El repunte económico

Las habilidades que como buen empresario ejerció a cabalidad Medina en Sevilla, durante su etapa de comerciante, afloraron en Pachuca y gracias a la eficaz administración de las ganancias obtenidas en el beneficio de minerales permitieron, en primer término, cubrir las deudas contraídas en Sevilla entre 1563 y 1565 y otras de última hora negociadas antes de embarcarse en su regreso a América, según lo que se desprende de dos documentos pasados ante la

[99] Las barras de mena eran una forma de participación para terceros en la explotación minas, por las que recibían parte de los dividendos de acuerdo con su número, algo similar a las actuales acciones de las sociedades mercantiles.

[100] AHPJEH, ramo Protocolos. Escribano Pedro Morán, 20 de agosto de 1572.

[101] *Idem.*

fe del escribano Pedro Morán —uno fechado el 20 de octubre de 1572— por el que cede a Lope de Molina la cantidad de "cincuenta y tres e setecientos e noventa cinco marcos que le adeudaba a la casa de contratación desde 1553"[102] y el otro —de la misma fecha—, por el que liquida "cierta cantidad de maravedíes que Lope de Medina le prestó según constancia otorgada ante el escribano de Sevilla Pedro de la Coba el 19 de mayo de 1565".[103]

Otra consecuencia de las destrezas empresariales de Medina fue la que le permitió extender sus actividades a la extracción de minerales, en un primer momento en calidad de socio, través de la adquisición de barras o acciones de participación minera, aunque pronto saltó hasta convertirse en dueño de importantes fundos extractivos, de modo que pronto como buen comerciante, alternó las actividades mineras con las mercantiles, como se observa en diversos protocolos del archivo de la Alcaldía Mayor de Pachuca, por ejemplo, en 1575 se le encuentra como vendedor de treinta, de las cuarenta barras —acciones— que tenía en las minas de Atotonilco —el Chico— a Alonso de Villaseca, el gran Creso del siglo XVI, entre las que se enlistan las de Los Reyes y Santiago.[104]

Otra operación registrada en 1575 fue la compra de dos arrobas de azogue, con valor de cincuenta y cinco pesos oro de mina de 450 reales cada peso, los que liquidaría con el aval de Gaspar Navarro y el alcalde Gómez de Cervantes.[105]

[102] AHPJEH, Carta obligación a favor de Lope de Molina, 20 de octubre de 1572 (este documento fue suscrito, como se aprecia, antes de embarcarse la primera vez para venir a Nueva España).

[103] AHPJEH, Carta de pago a Lope de Molina, 20 de octubre de 1572.

[104] AHPJEH, 01 de mayo de 1575. Venta a Alonso de Villaseca.

[105] AHPJEH, Carta obligación de Medina a favor de la Corona, de fecha 13 de octubre de 1575.

Así mismo, en el Archivo General de la Nación, se da cuenta de un juicio iniciado en el mismo 1575, en el que Bartolomé y Lesmes demandan a Juan de Miranda, "sobre el aprovechamiento de las aguas de una presa para el ingenio que poseían en Pachuca",[106] que no es otro que la Hacienda de la Purísima Concepción. Por cierto, meses después, Bartolomé aparece como testigo en el testamento del referido Juan de Miranda.[107]

La residencia en Real de Arriba

Por alguna circunstancia hasta ahora desconocida, Bartolomé inicio a mediados de la década de los setenta, el paulatino traslado de sus operaciones mineras a Real de Arriba —hoy San Miguel Cerezo— el primer indicio se obtiene de un documento fechado el 3 de junio de 1576 en el que en unión de Lesmes solicita de Isabel Espinosa les permita aprovechar el agua "que de continuo tiene el terreno de esta, a efecto de surtir al —de los Medina— que recién habían adquirido en Real de Arriba"[108] dos semanas después, al parecer logran un buen arreglo como se deduce de la comparecencia efectuada el 24 de junio de 1576 en la que Bartolomé y Lesmes de Medina concretan con Isabel de Espinosa, la manera en que ambas partes aprovechen el agua de un ojo ubicado en terrenos de la primera

[106] AGN, ramo Tierras, vol. 1741, exp. 4, f. 21. Este documento contiene el primer plano que se conoce del Real del Talhuelilpan, hoy Pachuca.

[107] AHPJEH. Testamento de Juan de Miranda, de 25 de febrero de 1576.

[108] AHPJEH. Protocolos de Pachuca. Escribano Pedro Morán. Caja 3, prot. 17, f. 78 vta.

para beneficio de un fundo adquirido por ellos cerca de la iglesia de San Miguel (Cerezo) en el Real de Arriba.[109]

Entre 1576 y 1585 hubo una veintena de comparecencias suscritas ante el escribano Pedro Morán, en las que se contienen: libranzas, cartas obligación, compras de azogue, negociación de convenios y adjudicación de terrenos y otras, que son clara muestra no sólo de la restauración del patrimonio de Medina, sino aún más, del repunte económico del metalurgista y, desde luego, del traslado de sus operaciones del Real de Tlahuelilpan —hoy Pachuca— al Real de Arriba.[110] El establecimiento definitivo de sus operaciones, debió concluir antes de 1582, pues para el 23 de abril de ese año, en una comparecencia ante el multicitado Pedro Morán señalan:

> Bartolomé y Lesmes de Medina, vecinos de Real de Arriba, hacen trueque o cambio con Garci Sánchez de Vanares, vecino de Real del Monte, de veinte barras de mina en la veta Vizcaína, por otras veinte barras de la mina llamada El Camino.[111]

Aunado al cambio de domicilio, se aprecia un notable aumento en la compras de "azogue" derivadas del mayor volumen de beneficio, operado en minerales de baja ley que continuaban brindándoles buenos ingresos, por ello de las dos o tres arrobas que solicitaban en 1572, pasaron a utilizar "12, con valor de cincuenta e cinco pesos oro de mina de a trecientos cincuenta cada una, las cuales son por razón

[109] AHPJEH. Protocolos de Pachuca. Escribano Pedro Morán V. Prot. 22, ff. 41, 43 46, 47 vta.

[110] AHPJEH. Protocolos de Pachuca. Escribano Pedro Morán. Varios asuntos entre 1576 y 1579. Cajas 2, 3, 4 y 5, prot. 7, 15, 16, 17, 20, 21, 22, 25, 26, 27, 38 y 39, distintas fojas.

[111] AHPJEH. Protocolos de Pachuca. Escribano Alonso Hidalgo Santillán. Caja 7, prot. 53, ff. 30 a 33.

de la compra que hizo a Su Majestad Don Alonso de Guzmán",[112] según consta en la comparecencia del 16 de enero de 1576.

Muerte de Leonor de Morales

Todo indica que su esposa Leonor de Morales, murió durante el año de 1577, según se deduce de dos documentos; en el primero, suscrito el 4 de marzo de ese año se le encuentra como compareciente ante la fe del multicitado escribano Pedro Morán para otorgar poder a Lesmes de Palencia, vecino de Sevilla, a fin de que cobre diversas deudas de sus acreedores en esa ciudad española,[113] en tanto que el segundo procede del 22 de diciembre del mismo año y en él, Bartolomé de Medina otorga poder a "vos Antonio de Salinas y a Miguel de Jáuregui, residentes en la ciudad de Sevilla [...] para demandar de Lope de Molina [...] y de los albaceas y tenedores de los bienes que quedaron por fin y muerte de Doña Francisca de Morales, mi cuñada ya difunta, "la parte que de ellos me perteneciesen como marido que fui de Leonor de Morales mi esposa legítima".[114] La anotación *fui* es concluyente para asegurar que doña Leonor había fallecido entre marzo y diciembre de ese año. Lo anterior parece corroborarse con el hecho de que, en el resto de la documentación del Archivo Judicial de Pachuca, no vuelve a aparecer con posterioridad, el nombre de Leonor de Morales.

[112] AHPJEH. Pachuca 16 de enero de 1576. Caja 7, prot. 64, f. 3.

[113] *Ibid.* Comparecencia de Leonor de Morales el 4 de marzo de 1577.

[114] AHPJEH. Protocolos de Pachuca. Escribano Pedro Morán, Caja 4, prot. 26, f. 24.

Nueva Probanza

En 1578, Medina, frisaba los 80 años; la vejez había minado su actividad considerablemente; los negocios fueron pasando poco a poco a manos de Lesmes, ello justifica que el 9 de julio de ese año, diera poder amplio a éste y al cura de la Parroquia de La Asunción don Francisco Ruiz[115] en unión de Francisco Lozano, Pedro de las Rivas, Juan López y Rodrigo de Bruzuela, para que lo representasen en cualquier juicio y operación, donde tuviera [...] interés[116]. Es probable que esta disposición se formulara en vísperas de la nueva probanza que iniciarían él y su yerno Antonio de la Cadena, para obtener una pensión por los servicios prestados a la Corona, Medina por méritos propios como descubridor del método de amalgamación, y su yerno en nombre de su padre, Antonio de la Cadena, segundo encomendero de Pachuca y Factor que fue en la ciudad de México.[117]

La lista de los méritos de Antonio de la Cadena el viejo, era impresionantemente extensa: segundo encomendero de Pachuca, Tesorero Real, Factor de la Ciudad de México, de donde fue también alcalde ordinario en cinco periodos, alcalde Mayor en varias jurisdicciones y otros cargos públicos. La de Medina, en cambio, era más reducida, aunque más trascendente y sustanciosa, contenía una sucinta narración de las peripecias de la actividad metalúrgica antes de descubrirse el sistema de amalgamación en Pachuca, después se ponderaban las bondades del nuevo sistema de la amalgamación y

[115] Francisco Ruiz se desempeñó como cura beneficiario de la Parroquia de La Asunción de 1568 a 1581.

[116] AHPJEH. Carta Poder en favor de Lesmes de Medina, Francisco Ruiz y otros, 9 de julio de 1579.

[117] Guillermo Porras Muñoz, *op. cit.*, pp. 216-218.

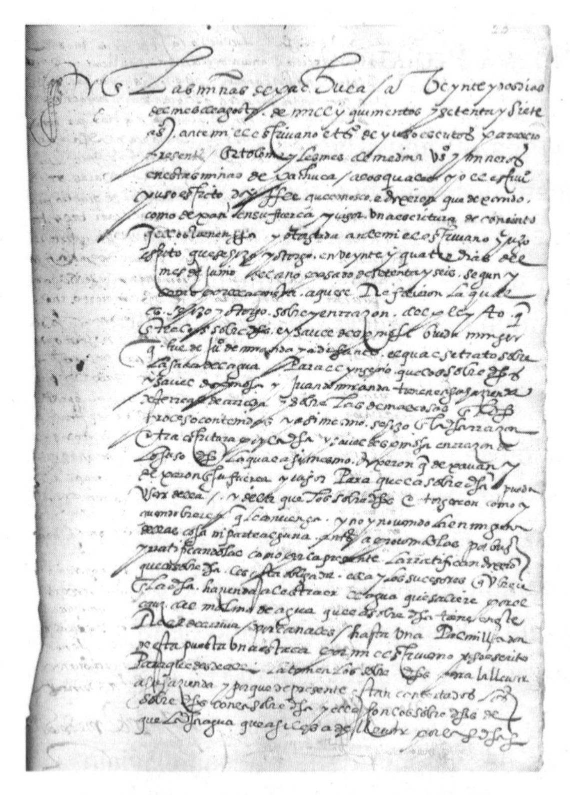

Documento suscrito por Bartolomé de Medina y su hijo Lesmes para compra de azogue (Archivo Histórico del Poder Judicial).

se enumeraban los diversos beneficios traídos por su aplicación.

Las diligencias celebradas ante la Audiencia de la Ciudad de México se iniciaron en diciembre de 1578 y concluyeron en los primeros días de enero de 1579, bajo el mando del virrey Martín Enríquez de Almansa y el oidor Pedro Farfán. En esa ocasión, las preguntas se enfocaron a destacar los méritos de Medina y Antonio de la Cadena padre; los solicitantes presentaron los cinco testigos de rigor; el primero en pasar fue Gaspar de Rivadeneyra, rico minero de Pachuca, hermano de Don Hernando, casero de Medina a su llegada a la Nueva España en 1553; su testimonio fue muy completo, pues él mismo trajo al metalurgista a Pachuca y fue testigo de los primeros trabajos de la amalgamación; en seguida, vino Diego de Aragón, minero también, avecindado en Temascaltepec, quien declaró extensamente sobre el descubrimiento y sus alcances; siguió Alonso de Mora, antiguo conocido del metalurgista sevillano a quien le constaban sus intentos por encontrar la aplicación de la amalgamación desde que radicaba en Sevilla; concluyeron Cosme del Campo y Francisco Hernández.[118]

Pasaron en seguida los cinco testigos de la Audiencia que eran Antonio García de Acevedo, Bartolomé Palomyno y Sancho de Figueroa, todos mineros de Guanajuato, y finalizaron, Alonso de Nava y Baltasar Guerrero, ambos de Zacualpan. Sus testimonios fueron acordes y uniformes, aseguraron que la minería sostenía la economía de la Nueva España y de la metrópoli; todos recordaron la crítica situación de esta industria antes de darse a conocer el método de patio; algunos agregaron a sus respuestas comentarios de sumo interés, como Bartolomé Palomyno, quien señaló que antes del descubrimiento ningún minero pudo fundir más de ocho quintales a la semana, pero por el proceso de patio ahora se podían entregar 700 quintales en el mismo tiempo.[119]

Los testigos de la Audiencia aseguraron, también, que con el monopolio del azogue la Corona había logrado una amplia y segura ganancia y agregaron que las regalías de la primera Merced no abarcaron a otros reinos como Nueva Galicia y Nueva Santander "donde la producción de plata era el doble de la que salía de la Audiencia de México".[120] Lo más importante fue que todos aseguraron que el método había sido "encontrado por Medina, después de mucho gasto e tiempo usado en su Hacienda de la Purísima Concepción de Nuestra Señora en Pachuca",[121] con lo quedó demostrado de manera inequívoca el papel de esta ciudad minera en el descubrimiento.

[118] AGI. Probanza de Bartolomé de Medina y Antonio de la Cadena efectuada en México en 1578.

[119] *Idem.*

[120] *Idem.*

[121] *Idem.*

En esta ocasión, las actuaciones de la probanza fueron firmadas por el virrey Martín Enríquez de Almansa y los oidores Pedro Farfán y López de Miranda, así como de los doctores Cárcamo y Arévalo Sedeño, enviándose al Consejo de Indias para la consabida revisión que correspondió como relator a un licenciado de apellido Zamora, quien las aprobó e hizo la recomendación definitiva de otorgar la ayuda a los solicitantes y envió los autos al rey, el 19 de febrero de 1580.[122]

A pesar de las distintas pruebas y la propia recomendación de Zamora, la petición no concluyó con el otorgamiento de la pensión para ninguno de los solicitantes, pues no existe noticia de que éstos hubiesen cobrado cantidad alguna en los años posteriores. El propio relator del consejo da entender la posibilidad de que Medina hubiera muerto en espera de la concesión real.

Los dos años siguientes a la probanza son poco ilustrativos acerca de sus actividades; probablemente la muy avanzada edad con la que contaba para entonces impidió que continuara con sus negocios y, poco a poco, como se ha visto, dejó todo en manos de su hijo Lesmes.

Y la muerte también llega

No se sabe la fecha exacta de la muerte de Bartolomé de Medina, sin embargo, puede precisarse el periodo en que ocurrió, al interpretar hermenéuticamente dos importantes testimonios que obran en el Archivo Histórico del Poder Judicial del Estado de Hidalgo: en el primero, que corresponde al 10 de mayo de 1585, consta la

[122] *Idem.*

comparecencia que hicieron, Agustín Guerrero, Constantino Bravo de Lagunas, Juan Frías Salazar, Alonso Bustillo Villaseca y Lesmes de Medina, este último, por sí mismo y en representación de "Bartolomé de Medina, su padre, por quien presta voz y caución",[123] se induce que para esa fecha, de acuerdo con lo asentado, el metalurgista sevillano aún vivía y seguramente no compareció, debido a los achaques de la edad, pues contaba ya con más de 80 años —si se toma en cuenta la comparecencia de 1572, donde confiesa "tener poco más o menos 75 años", lo que indicaría que para 1585, su edad sería de 88 años— pero si se referencia con lo manifestado en la carta que envió a Felipe II, entre finales 1563 y principios de 1564, en la que expresa "según nuestra edad que pasamos de 60 años", entonces, para la fecha de la comparecencia mencionada, tendría entre 82 y 83 años. Como quiera que sea, para ese entonces tuvo ya que ser representado por su hijo Lesmes.

El segundo documento se encuentra fechado el 27 de agosto del mismo 1585 y corresponde también a una comparecencia realizada ante el escribano Alonso Hidalgo Santillán, en la que se apersonan, Francisca y Lesmes de Medina señalando su carácter "de hijos y herederos de Bartolomé de Medina *ya difunto* acompañados de Don Joan Frías Salazar, albacea testamentario del dicho Bartolomé Medina".[124] En este testimonio notarial, todos los comparecientes otorgan poder a Francisco Martínez para cobrar todas las cantidades adeudadas a la sucesión. La interpretación es obvia: para la fecha de suscripción de este protocolo, Medina estaba muerto y se había iniciado el trámite de la sucesión, contando ésta ya, con

[123] *Ibid.*, ramo Protocolos. Comparecencia de Lesmes de Medina. 10 de mayo de 1585.

[124] *Ibid.*, ramo Protocolos. Comparecencia de Francisca y Lesmes de Medina. 27 de agosto de 1585.

albacea nombrado; de modo que entre mayo y agosto de 1585, el metalurgista más célebre del siglo XVI había dejado de existir.

Sobre el lugar de su muerte, puede conjeturarse que acaeciera en el Real de Arriba —hoy poblado de San Miguel Cerezo—, pues en la mayor parte de las últimas comparecencias Medina se declara "minero y vecino de ese Real, sitio en el que permanecieron sus herederos, Francisca, Leonor y Lesmes". Así, el 26 de noviembre de 1588, tres años después de su muerte, Alonso de Carbajal —su yerno— y Francisca de Medina comparecen ante la fe del escribano Juan Fernández, a efecto de celebrar un contrato por el "que dan en renta a Francisco Domínguez, vecino de Pachuca, ocho indios que tienen en la mina de Tepustlatitlan, alias El Jacal",[125] ubicada precisamente en el camino de Pachuca a Real de Arriba.

Sobre el haber hereditario, las diligencias de la sucesión de Medina muestran el importante caudal con que se integró la masa de bienes del de cujus, como puede deducirse de una interesante diligencia realizada ante el escribano de la Ciudad de México, Antonio Saravia, el 22 de agosto de 1591, en la que se hace mención de minas, asientos —casas— laboríos, ingenios, esclavos y otras propiedades en Pachuca y Real de Arriba, así como un sitio de casas en Real del Monte ubicado a un lado de la iglesia de ese lugar, bienes que fueron entregados como parte del tercio[126] que correspondía a Francisca,[127] sin mencionar de lo que se componen los restantes dos tercios pertenecientes a los otros dos hijos, Leonor y Lesmes.

[125] AHPJEH. Protocolos de Pachuca. Escribano Juan Fernández. Caja 10, prot. 88, ff. 53 a 55.

[126] Esta afirmación permite saber que la masa hereditaria se dividió en tres partes iguales para Francisca, Leonor y Lesmes, los tres hijos de Bartolomé al morir.

[127] Archivo de Notarías de la Ciudad de México. Ramo Protocolos. Escribano Antonio Saravia. 22 de agosto de 1591.

Lo anterior es prueba de que Medina no murió en la miseria como afirma Probert,[128Æ] por el contrario, de la documentación consultada se llega a la conclusión de que amasó una muy buena fortuna en bienes y dinero.

Debe mencionarse, por último, un interesante testimonio, suscrito también por su hija Francisca, en el que otorga poder a Agustín Guerrero para que en su nombre pudiera cobrar toda remuneración "que en razón de la Merced que yo he presentado por los servicios que el dicho Bartolomé de Medina mi padre prestó a Su Majestad por haber descubierto en esta Nueva España y Reino de Nueva Galicia el sacar plata por azogue [...]",[129] hacia 1595, Francisca y Lesmes iniciaron trámite para revalidar la primera Merced que el virrey Velasco otorgó a su padre, pero, por los datos hasta ahora conocidos, la Corona guardó total silencio al respecto.

Real del Monte, John Philips 1848. Según su testamento, Bartolomé de Medina era propietario de las casas que se ubican junto a la Parroquia.

[128] Æ Criterio que apoya en las declaraciones de la última probanza, en la que el propio Medina refiere que él y su familia "habían quedado tan pobres como se encuentra ahora" —diciembre de 1578— argumento esgrimido, seguramente, para ser compadecido en unión de su familia por la Corona, a efecto de que le otorgaran la pensión solicitada.

[129] AHPJEH. Ramo Protocolos. Octubre de 1581.

Sobre el sitio preciso donde descansan sus restos, no existe constancia, pues, aunque afanosamente se han buscado datos en el archivo de la Parroquia de la Asunción de Pachuca —a la que perteneció como sufragáneo el templo de Real de Arriba— este repositorio, desafortunadamente, no cubre la probable fecha de su muerte, ya que los libros de defunciones y entierros parten de 1621 en adelante.[130] Lo más probable es que se hubiese sepultado en el atrio del templo de Real de Arriba, dedicado a la advocación de San Miguel Arcángel, sitio que hoy se encuentra cubierto por una pesada loza de cemento. Castillo Martos supone que los restos pudieran encontrarse en los muros de ese santuario, como se acostumbraba hacer con los grandes personajes.

Concluye así la vida de quien logró con su descubrimiento cambiar por entero la industria de los metales, el personaje que logró sumar el nombre de Pachuca al de las célebres ciudades del mundo entero, por haber sido esta población mudo testigo de una hazaña que habría de revolucionar la economía de su tiempo: Bartolomé de Medina.

Camino a Cerezo —Real de Arriba— fotografiado hacia 1909,
lugar en donde se estableció durante los últimos días de su vida Bartolomé de Medina.

[130] Véase *Los archivos de la Parroquia de La Asunción*, presentado ante el Primer Congreso de Historia Regional, San Luis Potosí, 1972.

El beneficio de patio y sus innovaciones en el siglo XVI

Descubrimiento o invención

Como ha quedado asentado, el mérito de Medina fue haber encontrado uso industrial a un antiguo procedimiento que existía para separar pequeñas porciones de plata de otros materiales, mediante el uso del mercurio, pero de esto, a aplicarlo a los metales extraídos en grandes cantidades en los centros mineros, era enteramente diferente, dado que para lograr la amalgama y extraer la plata del mineral, se requería además del mercurio, de otros ingredientes y del que Probert llamó elemento *magistral* a fin de que acelerara la velocidad de reacción de la amalgama, para obtener el resultado deseado, que fue precisamente lo que logró medina en Pachuca.

¿Fue Medina descubridor o inventor, del método de amalgamación? He aquí un arduo problema a resolver, dado que existen más semejanzas que diferencias entre ambos términos; por descubrimiento se entiende el hallazgo, encuentro o manifestación de aquello que estaba oculto o secreto y por ende, desconocido y por invención el encuentro de un objeto, técnica o proceso que posea características novedosas y transformadoras, lo que supone también la creación o innovación, sin antecedentes de su existencia tanto en la ciencia como en la tecnología y que permite ampliar los límites del conocimiento humano.

En el caso que nos ocupa, si bien había constancia de que en la Antigüedad griegos y romanos utilizaron el mercurio para dorar cobre y recuperar plata en telas viejas y más tarde durante la expansión musulmana el azogue se utilizó en la manufactura de termómetros y espejos,[1] su uso fue siempre muy limitado y en el caso de la amalgama con mercurio, aplicado a pequeñas porciones, sin que se requiriera otros ingredientes, ni comprendiera pasos específicos, condiciones que sí debió encontrar y emplear Medina para lograr su uso industrial en los minerales extraídos de las minas americanas, de donde se deduce su característica de invención sin descartar que tenga algunos visos como descubrimiento.

Primeras descripciones del Sistema de amalgamación

El sistema de amalgamación, descubierto en 1554, se aplicó por más de tres siglos, pues fue prácticamente sustituido entre finales del XIX y principios del XX, por el de cianuración.[2] No obstante, en

[1] Vera Valdés Lakoworsky, *De las Minas al mar. Historia de la plata mexicana*, México, Fondo de Cultura Económica, 1987, p. 55.

[2] El sistema de cianuración atravesó por tres etapas: la primera, llamada especulativa, que parte de 1806, año en que, por primera vez, se habló de las posibilidades del cianuro de Potosí para el benéfico de la plata, y llega hasta el 1857, existiendo en ella notables investigaciones como la del Dr. Wright de

algunos lugares, la utilización del viejo método se prolongó hasta bien entrado el siglo XX.[3] Durante este periodo su empleo estuvo sujeto a diversas mejoras tendientes a reducir, aún más, tiempos y costos, pero sobre todo en materia de recuperación de mercurio, aunque en todos los tiempos, el proceso fue en esencia el mismo que aplicó Medina por primera vez en Pachuca en el 1554.

Hasta la fecha, se desconoce el paradero de la descripción original que Medina debió acompañar a la petición de la patente que le otorgó el virrey Velasco, al igual que la que debieron adjuntar Medina y Loman al solicitar la Merced de una máquina que este último sugirió para apresurar los resultados del método. La más antigua descripción del sistema de beneficio de patio o amalgamación que se conserva es la que formuló, hacia el año 1590, el padre Joseph de Acosta en su obra *Historia natural y moral de las Indias:*

Birmingham, Elkingtons, de los Estados Unidos y, desde luego, Faraday, con quien termina esta etapa; la segunda, llamada de práctica a pequeña escala, agrupa los trabajos de J. H. Rae —que registró en la patente número 61886—, los de Roesker en 1866 los de Hahn de 1870 y los muy importantes de Skey y Dixon de 1877; sin embargo, fueron los señores Mac Arthur y Forrester quienes aplicaron por primera vez el método del Dr. Cassel, que abrió las posibilidades industriales del sistema para pasar por alto los de Luis Janin Jr. y el Dr. Scheidel, quienes, por separado, llegaron al mismo punto de Cassel; la última etapa de inicio en Komata Reef, Nueva Zelanda, donde el nuevo método probó sus bondades, pasando a América a principios de este siglo, debiendo mencionarse algunas mejoras realizadas en Pachuca, como los tanques Pachuca, inventados en la Hacienda de San Francisco de esta ciudad. (Estos datos fueron tomados de Manuel Mateos Ortiz, *Los sistemas de cianuración*, México, 1910. Imp. de Manuel León, pp. 11-15 y José J. Galindo, "El Distrito Minero de Pachuca y Real del Monte", pp. 25 y 26).

[3] Varias haciendas de Beneficio en Pachuca aún utilizaban el sistema patio en 1930.

El metal se muele muy bien, primero con los mazos de ingenios que golpean la piedra como batanes y después de bien molido, el metal, lo cierne con unos cedazos de tela de alambre, que hacen la harina tan delgada como los comunes de cerdas, y ciernen estos cedazos, si están bien armados y puestos, treinta quintales entre noche y día. Cernida que está la harina del metal, la pasan a unos cajones de buitrones, donde la mortifican con salmuera, echando a cada cincuenta quintales de harina cinco quintales de sal, y esto se hace para que la sal desengrase la harina de metal, del barro o lama que tiene, con lo cual el azogue recibe mejor la plata. Exprimen luego con un lienzo de Holanda cruda el azogue sobre el metal, y sale el azogue como un rocío y así van revolviendo el metal para que todo él se comunique este rocío del azogue. Antes de inventarse los buitrones de fuego, se amasaba muchas y diversas veces el metal con el azogue, así echado en unas artesas, y hacían pellas grandes como de barro, y dejábanlo estar algunos días y tornaban a amasallo otra vez y otra, hasta que se entendía que estaba ya incorporado el azogue en la plata, lo cual tardaba veinte días y más y, cuando menos, nueve. Después, por aviso que hubo de cómo la gana de adquirir es diligente, hallaron que para abreviar el tiempo el fuego ayudaba mucho a que el azogue tomase la plata con presteza, y así trazaron los buitrones, donde ponen unos cajones grandes en que echan el metal con sal y azogue, y por debajo dan fuego manso en ciertas bóvedas hechas a propósito y en espacio de cinco y seis días, el azogue se encorpora en sí la plata. Cuando se entiende que ya el azogue ha hecho su oficio, que es juntar la plata mucha o poca, sin dejar nada de ella y embeberla en sí, como la esponja al agua, incorporándola consigo y apartándola de la tierra, y plomo y cobre con que se cría, entonces tratan de descubrilla y sacalla y apartalla del mismo azogue, lo cual hacen en esta forma: echan el metal en unas tinas de agua, donde con unos molientes o ruedas de agua, trayendo alrededor el metal, como quien deslíe o hace mostaza va saliendo el barro o lama del metal en el agua que corre y la plata y azogue, como cosa más pesada, hace asiento en el suelo de la tina. El metal que queda está como arena y de aquí lo sacan y lo llevan a lavar otra vuelta con bateas en unas balsas o pozas de agua y allí acaba de caerse el barro y deja la plata y azogue a solas, aunque a vuelta del barro lama va siempre algo de plata y azogue que llaman relaves, y también procuran después sácalo y aporovéchanlo. Limpia pues que está la plata y el azogue, que ya ello reluce despedido todo el barro y tierra, toman todo este metal y echando en un lienzo exprímelo fuertemente, y así sale todo el azogue que no está incorporado en la plata, y queda lo demás hecho todo una pella de plata y azogue, y al modo que queda lo duro y cibera de las almendras cuando exprimen en la almendrada; y estando bien exprimida la pella que queda, sola, es la sexta parte de plata y las otras cinco son azogue, de manera que si queda una pella de sesenta libras, las diez libras son de plata y las cincuenta de azogue. De estas pellas se hacen las piñas a modo de panes de azúcar, huecas por dentro y hácenlas de cien libras de ordinario. Y para apartar la plata del azogue pónenlas en fuego fuerte y las cubren con un vaso de barro de la hechura, de los moldes de panes de azúcar, que son como caperuzones y cúbrenlas de carbón, y danles fuego, con el cual el azogue se exhala en humo, y topando en el caperuzón de barro, allí se cuaja y destila, como los vapores de la olla en la cobertera, y por un cañón a modo de alambique, recibiese todo el azogue que se destila y tornase a cobrar, quedando la plata sola.[4]

[4] Joseph de Acosta, *Historia natural y moral de las Indias*, México, Fondo de Cultura Económica, 1962, pp. 162-165.

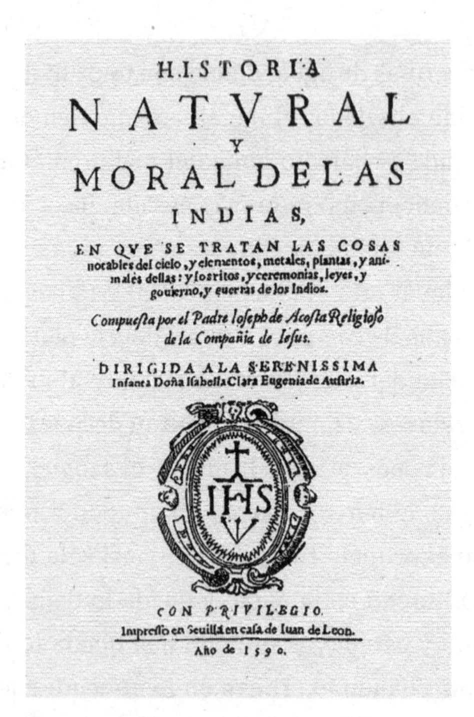

HISTORIA
NATVRAL
Y
MORAL DE LAS
INDIAS,
EN QVE SE TRATAN LAS COSAS
notables del cielo, y elementos, metales, plantas, y animales dellas: y los ritos, y ceremonias, leyes, y
gouierno, y guerras de los Indios.
Compuesta por el Padre Ioseph de Acosta Religioso
de la Compañia de Iesus.
DIRIGIDA A LA SERENISSIMA
Infanta Doña Isabella Clara Eugenia de Austria.

CON PRIVILEGIO.
Impresso en Seuilla en casa de Iuan de Leon.
Año de 1590.

Portada de la *Historia natural y moral de las Indias*, libro publicado en 1590, en el que se encuentra la más antigua descripción del sistema de amalgamación.

Cosas de la historia. La Hacienda de Purísima hacia 1910, el lugar donde se practicó por vez primera el sistema de patio, se convirtió en uno de los primeros sitios que utilizó el sistema de cianuración.

Como puede notarse, la descripción del padre Acosta es muy completa y comprensible. En ella se establecen con claridad pasos y términos, cantidades e ingredientes, que debían aplicarse cuidadosamente, so pena de no obtener el resultado apetecido. Por otra parte, debe advertirse que la reseña del padre Acosta contiene ya algunos adelantos logrados para la época en que escribió la obra, en 1590 —36 años después del descubrimiento— como los caperuzones o capellinas para recuperación de azogue atribuidas a Juan Capellín.

Ventajas del método de amalgamación

El mayor de los méritos del método que Medina descubriera en Pachuca fue que además de reducir tiempos y costos en el beneficio mineral, permitió que su aplicación impulsara sustancialmente la producción de las minas del Nuevo Mundo, caracterizadas por la abundancia de minerales de baja ley, debido a lo cual, se le reconoció también como *amalgama americana,* sistema que no requirió condición especial alguna, como lo observó el alemán Friedrich Sonneschmid, quien formó parte de la misión que a finales del siglo XVII envió Carlos IV a fin de establecer las bases de la reforma minera en los reinos españoles de América, he aquí en sus palabras la ventaja de la amalgama americana:

> Minerales pobres y de mediana ley se benefician con los con los moderados costos de cuatro o seis reales por cada un quintal. Sólo en el beneficio de minerales ricos suben los costos, por motivo del mayor consumo y pérdida de azogue que está siempre incorporada con la ley de La Plata que se extrae beneficio más barato no lo hay ni en Europa por lo propio será esta buena circunstancia el mayor inconveniente para los que desean introducir otros métodos más ventajosos en cuanto a los efectos aunque llegasen pues a perder menos azogue y extraer La Plata de algunas clases de minerales con un poco más de exactitud sería muy dificultoso el impedir que sus costos no suban algo más igualmente consideró que por muchas ventajas que esta operación puede ejecutarse en cualquier parte pues no demanda ni Corrientes de agua ni artífices muy hábiles ni máquinas muy compuestas ni utensilios e instrumentos que no puedan hacerse con prontitud tampoco existe como casi todas las demás operaciones metalúrgicas peones prácticos y enseñados pues en un instante

> se adiestran para todo lo necesario con facilidad muy ventajosa es también la circunstancia de que este beneficio puede entenderse fácilmente muy por mayor y con solo una ojeada en las jícara se puede calcular miles de Marcos en plata con casi completa seguridad.

Muy significativo resulta que 250 años después de su primera aplicación, el sistema de patio continuará mostrando sus bondades en la minería del Nuevo Mundo, tanto por los reducidos costos y tiempo en su ejecución, como por los sencillos requerimientos utilizados desde las primeras aplicaciones. De Medina en 1554, a Sonneschmid en 1802, mediaron dos conceptos de ese hito metalúrgico, el entusiasmo del saber empírico en el sevillano y la seguridad de la explicación científica en el alemán, de modo que, del simple enunciado de pasos e ingredientes se saltó al terreno de las fórmulas y ecuaciones químicas.

Uno de los primeros metalurgistas en dar una explicación científica a lo sucedido en la amalgamación fue el también sevillano Juan Cárdenas autor de la obra *Primera parte de los secretos y maravillas de las Indias* aparecido en México en 1591 quien de manera sencilla define así lo sucedido entre La Plata y el azogue:

> El beneficio de los metales por azogue no es otra cosa que cuestión de simpatías y antipatías siendo las primeras el origen de la unión del azogue a La Plata auxiliada por el calor que se le presta la salmuera como podrá presentarse por otro mineral caliente. La antipatía entre el calor y el azogue ambos de naturaleza opuesta, es la causa perdida de este último en el beneficio y no la conversión del azogue de plata.[5]

[5] *Ibid.*, p. 117.

La química de los siglos posteriores ha logrado explicar de manera esquemática el proceso de la amalgamación de la siguiente manera:

$CuSo_2 + 2NaCl = Na_2 So_4 + CuCl_2$
$Fe_2 (So_4)_3 + 6 NaCl = 2FeCl_3 + 3 Na_2So_4$.
$2Cu Cl_2 + Ag_2 = 2 CuCl + 2AgCl + S$
$Ag_2S + 2FeCl_3 = 2FeCl_2 + AgCl + S$
$2AgCl + Hg = HgCl_2 + 2Ag$
O bien: $2AgCl + 2Hg = Hg_2 Cl_2 + 2Ag$
$Ag + Hg = Hg Ag$ (amalgama de plata)

El mercurio puede reaccionar con el cloruro de cobre y producto con el mineral de plata.

$2Hg + 2CuCl_2 = Hg_2Cl_2 + 2CuCl$
$AgCl + CuCl = CuCl_2 + Ag$
$Ag_2S + 2CuCl = Cu_2 S$. [6]

Finalmente, en relación con la utilidad de la amalgamación, Germán List Arzubide asegura, no sin razón, que esta invención, que puso fin a la aplicación del antiguo sistema de beneficio por fuego, salvó de la destrucción total a los bosques del país, ello a pesar de que la reserva forestal de Zacatecas, por ejemplo, hubiera sido consumida en los hornos de fundición de aquella parte del territorio de la Nueva España, si no se hubiese realizado este antes de este extraordinario descubrimiento.[7]

[6] Manuel Castillo Martos, *Bartolomé de Medina y el siglo XVI*, Santander, Universidad de Cantabria, 2006 p. 223.

[7] Germán List Arzubide, *Apuntes históricos sobre la minería en México*, México, Secretaría de Educación Pública, México, 1970, p. 16.

Innovaciones posteriores al método de amalgamación

En principio el sistema de patio fue rudimentario, complicado y difícil en algunos aspectos; de ahí que en los años siguientes se aplicaron diversos acondicionamientos que, poco a poco, lo mejoraron y perfeccionaron.

> Toda invención —señala Ramón Sánchez Flores— requiere por lo general de la participación innovadora de más de un cerebro. La historia universal de la técnica demuestra que el progreso es producto de alteraciones o innovaciones consecutivas que, llegado el caso, llevan el perfeccionamiento a niveles de verdadera utilidad científica y productiva. El método de amalgamación originado por Bartolomé de Medina no escapó a este fenómeno.[8]

En poco menos de medio siglo, el empirismo de los primeros descubrimientos se convirtió paulatinamente en "doctrina científica y sistemática, que condensó en principios fundamentales, aquellas reglas prácticas, sorprendidas primero por el espíritu de la invención y la disciplina y más tarde por el razonamiento, al ascender del hecho a la idea".[9]

En este contexto de ideas, independientemente de los metalurgistas que al tiempo en que Medina descubría su sistema, realizaban paralelamente investigaciones y ensayos en el mismo sentido, como Gaspar Loman, Miguel Pérez, Juan Alemán y Mosén Antonio Boteller, existen otros muchos, que, en los años siguientes a los

[8] Ramón Sánchez Flores, *Historia de la tecnología y la invención en México*, México, Fomento Cultural Banamex, 1980, pp. 95-96.

[9] Julio Rey Pastor, *La ciencia y la técnica en el descubrimiento de América*, Madrid, Espasa Calpe, 1970, pp. 108 y 109.

ensayos de Medina, se dieron a la tarea de encontrar mejoras e innovaciones al método de amalgamación.

Tan sólo en la segunda mitad del siglo XVI, en los años inmediatos al descubrimiento, poco más de una docena de mineros, introdujeron beneficios prácticos al método Pedro González y Alonso de León en 1559, encontraron una forma más efectiva de recuperar el azogue utilizado en la amalgamación, este descubrimiento, además de curioso, resultó de suma utilidad, pues como es bien sabido, en la Nueva España no se descubrieron minas de este metal y el traído de España o Perú, resultaba sumamente caro, situación que señalaron al solicitar la Merced respectiva al virrey Velasco:

> Viendo la gran carestía del azogue, lo mucho que se pierde en el beneficio del *[sic]* se han dado mucho tiempo a ver y mirar si podrían dar orden, para que no se perdiera tanto azogue [...] dando con una manera de ahorrar el dicho azogue, por lo cual hallan muncha *[sic]* mejoría que con un quintal de azogue se sacarían 2 de plata siendo los metales de 4 onzas de plata por quintal.[10]

La patente respectiva les fue otorgada el 10 de septiembre de 1560. De acuerdo con los diseños exhibidos, la invención consistía en utilizar unos cernidores, que reducían los gránulos de la piedra de mena, hasta convertirlos en una especie de harina con lo que se le facilitaba el trabajo del azogue.

Otra innovación, fue la de Alonso de Espinosa, a quien le fueron otorgadas la respectiva patente y una Merced el 22 de febrero de 1561.[11] Tanto la petición, como el auto recaído a ella, son poco

[10] AGN. Ramo Mercedes, vol. V, ff. 103 y 104.

[11] AGN. Ramo Mercedes, vol. V, ff. 245 y 246.

explicativos; sin embargo, puede colegirse se trata de la introducción de unas rastras movidas por bestias para repasar la pasta de la amalgama. En un principio este trabajo fue realizado por esclavos, según se desprende del Memorial de Gómez de Cervantes, cuando señala: "La gente, es el tercer instrumento, y digo que sin ella no es de ningún efecto el azogue y la sal, porque la gente es la que habrá de manejar y revolver estos endificios *[sic]*".[12] Como es bien sabido, esta práctica trajo profundas consecuencias ya que los esclavos e indios utilizados en este trabajo enfermaban pronto de hidrargirismo o mercurialismo, padecimiento derivado de la intoxicación aguda o crónica producida al inhalar vapores de mercurio, cuyo principal síntoma era el temblor, primeramente, de labios, lengua y dedos y finalmente de todo el cuerpo.[13]

La innovación de Alonso de Espinosa alivió este grave problema al utilizar bestias y rastras para revolver el azogue con el mineral pulverizado, gracias a lo cual pudo apresurarse el proceso de la amalgamación, pues él mismo señala que, de esta manera, "el metal que un día se incorporara podía labrarse dentro de los trece siguientes". La Merced otorgada le premió con regalías que oscilaron entre los 50 y los 200 pesos oro de minas, que tendrían que pagar durante seis años quienes utilizaran su descubrimiento.

Juan de San Pedro, es otro eslabón importante en la cadena de perfeccionamientos del método de patio. Su aportación consistió en el uso de otros "magistrales" —catalizadores— para acelerar el procedimiento, que "no eran más que sulfatos calcinados que, además

[12] Alberto María Carreño, *Vida económica de la Nueva España al finalizar el siglo XVI*, México, Antigua Librería Robredo, 1944, p. 147.

[13] Alfredo Menéndez Navarro, *Catástrofe morboso de las minas mercuriales de la villa de Almadén del azogue*, Ediciones de la Universidad de Castilla, España, 1998, p. 97.

de las salmueras o sal marina, aceleraban en el proceso químico, la acción de los ingredientes, para una más rápida amalgamación".[14] Como se recordará, fue precisamente éste el motivo que retrasó a Medina en la búsqueda de su fórmula.

Curiosa fotografía en 1910 de la Hacienda de Purísima, donde se practicó por primera vez el sistema de Medina. Fue también de los sitios en los que se usó inicialmente el sistema de beneficio por cianuración, cuyos tanques pueden observarse.

La preocupación por la gran pérdida de azogue agudizó el ingenio de los empíricos metalurgistas de la época, así Pedro Díaz de Baesa *[sic]* consiguió registrar el 13 de abril de 1562, un invento destinado a recuperar una buena parte del azogue ocupado en el lavado, último paso en el procedimiento de la amalgamación; para ello utilizó artesas o tinas especiales que estaban provistas de un piso estriado donde se detenían las partículas de azogue que no habían ido al fondo.[15]

[14] *Ibid.*, pp. 98 y 99.

[15] AGI, ramo Mercedes, vol. VI, f. 191.

El 10 de julio de 1563, Juan de Placencia, minero de Taxco, que había trabajado con Medina en Pachuca durante los primeros ensayos y antes había inventado unos fuelles mecánicos, patentó un tipo de malla, para los cernidores utilizados al final de la molienda, atribuyéndoles un carácter más duradero al de los utilizados hasta entonces. Una innovación similar fue la que presentó Raymundo de Nápoles, quien agregó un nuevo tipo de morteros, por lo cual el virrey le concedió la Merced respectiva el 29 de noviembre de 1567.[16]

Interesante y de gran beneficio para la minería resultó la mejora que registraron a fines de 1567, Leonardo Fragoso y Cristóbal García, consistente en un nuevo sistema para lavar los metales, en el que aseguraban, se ahorrarían "negros, mulas y caballos que al presente lo lavan porque es menester [...] y sin pérdida de azogue".[17] Seguramente se trataba de algún reactivo para asentar las lamas por efecto químico, y el uso de percoladores o mallas de una especie de tela (nageo) que se aplicarían a las tinas. El virrey Gastón de Peralta les otorgó merced por seis años, el 20 de noviembre del propio 1567.

Uno de los perfeccionadores más importantes y conocidos del método de patio fue sin duda alguna Juan Capellín, de quien por lo menos tenemos registradas dos invenciones. La primera, contenida en la Merced fechada el 17 de julio de 1576, consistente en un molino de almadenetas con mazos de fierro, con el que se podían moler "muy descansadamente y sin violencia y trabajo, muchas más cantidades de metal que con los demás ingenios que se usaban y solían moler".[18] La segunda mejora que se le atribuye derivó en una nueva Merced que le otorgó el virrey Martín Enríquez de Almanza, el 27 de julio del referido 1576, que definió como el descubrimiento

[16] AGN, ramo Mercedes, v. IX, ff. 233 y 234.

[17] AGN, ramo Mercedes, v. IX, ff. 217 y 218.

[18] AGN, ramo Mercedes, v. X, ff. 147, 148 y 148 vta.

de un ingenio para amalgamación de metales con recuperación de azogue,[19] invento que el propio virrey aseguró, "y porque tengo relación del dicho Juan Capellín que de algunos metales podía sacarse plata de su orden sin perder azogue alguno". Diversos investigadores entre ellos, Julio Rey Pastor y Ramón Sánchez Flores, afirman que este invento dio origen nada menos que a la "Capellina" especie de capelo o cobertera que cubría el recipiente donde se captaban las piñas a fin de separar el azogue de la plata, provista de unos alambiques para la recuperación del mercurio, ya utilizada cuando el padre Acosta hizo su descripción del sistema en 1590. Rey Pastor señala incluso "El nombre de este ingenioso investigador ha pasado a la historia de la minería, unido a la pieza llamada capellina que ideó para la destilación de la amalgama".[20]

El investigador hispanomexicano Modesto Bargalló, en cambio, opina que de la redacción del documento por el que el virrey otorgó la patente, no se deduce con certeza que Capellín haya sido el inventor de la Capellina; la coincidencia de nombres poco significa —dice— porque capellina equivale a capucha o caperuza por lo cual el nombre puede ser debido a la forma de caperuza que tiene el aparato desahogador o desahogadera".[21] Debe, por último, afirmarse que este artefacto se conocía ya desde la Antigüedad. En el siglo XVI, Biringuccio y Agricola lo señalan como muy útil para la purificación del azufre, de modo que lo realizado por Capellín o cualquiera otro inventor, no fue sino una adaptación de los viejos caperuzones al sistema de patio.

[19] AGN, ramo Mercedes, v. X, ff.15 a 151.

[20] Julio Rey Pastor, *op. cit.*, p. 116.

[21] Modesto Bargalló, *La minería y la metalurgia en la América española durante la época colonial*, México, Fondo de Cultura Económica, 1955, p. 133.

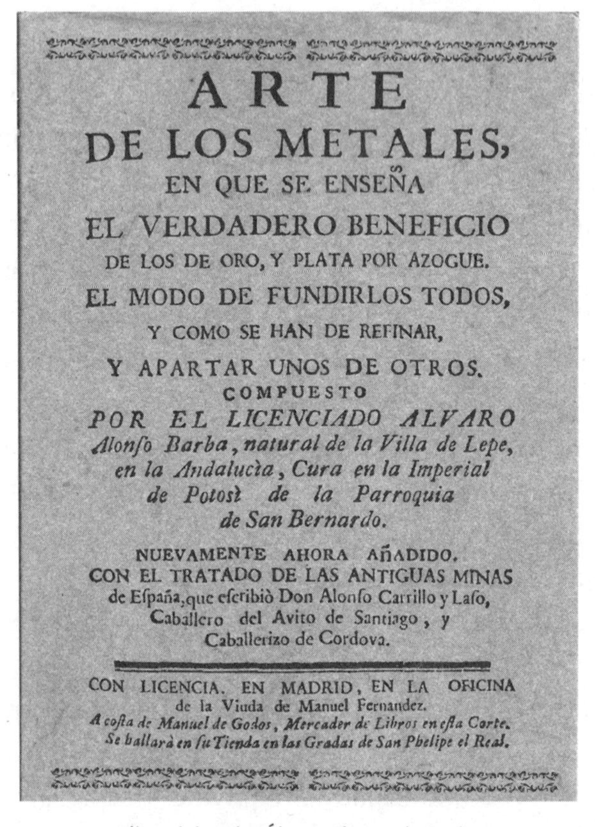

ARTE
DE LOS METALES,
EN QUE SE ENSEÑA
EL VERDADERO BENEFICIO
DE LOS DE ORO, Y PLATA POR AZOGUE.
EL MODO DE FUNDIRLOS TODOS,
Y COMO SE HAN DE REFINAR,
Y APARTAR UNOS DE OTROS.
COMPUESTO
POR EL LICENCIADO ALVARO Alonſo Barba, natural de la Villa de Lepe, en la Andalucìa, Cura en la Imperial de Potosì de la Parroquia de San Bernardo.

NUEVAMENTE AHORA AÑADIDO.
CON EL TRATADO DE LAS ANTIGUAS MINAS de Eſpaña, que eſcribiò Don Alonſo Carrillo y Laſo, Caballero del Avito de Santiago, y Caballerizo de Cordova.

CON LICENCIA. EN MADRID, EN LA OFICINA de la Viuda de Manuel Fernandez.
A coſta de Manuel de Godos, Mercader de Libros en eſta Corte. Se hallarà en ſu Tienda en las Gradas de San Phelipe el Real.

Libro del padre Álvaro Alonso de Barba,
que llevó a Perú la descripción de método de amalgamación.

Bernardino Santacruz, por cierto, vecino del Real de Minas de Pachuca, —seguramente conocido de Medina— es otro de los muchos mineros preocupados por ahorrar azogue en el beneficio de la plata. Su invento consistió en la utilización de “un cajón de tablas del grandor, que yo señalaré y una tinilla con cierto secreto de más de lo que cada minero tiene para su beneficio”. La subjetividad con la que se conduce en la narración no permite conocer el alcance de la innovación; pero ésta, a juicio del virrey Lorenzo Suárez de Mendoza, fue muy útil para la minería novohispana, por lo que le concedió el 03 de septiembre de 1580 privilegio para cobrar a quien lo utilizare, cuarenta marcos de plata por términos de 20 años.[22]

Hubo quienes, dedicados a oficios diferentes a la minería, aportaron también su granito de arena para mejorar el beneficio de los metales por la amalgamación. Tal es, el caso de Pedro Requena, de oficio entallador de retablos, quien presentó un ingenioso modelo para moler metales, distinto —señala— al construido por Bartolomé Palomyno. En el escrito no pide el otorgamiento de Merced alguna, por lo cual el virrey Enríquez de Almansa, sólo tomó razón de lo apuntado.[23]

En esta fiebre de la invención metalúrgica suscitada a raíz del descubrimiento de Medina, deben señalarse por último las invenciones de Diego Martín y Diego López Valero, quienes por separado se dirigieron al virrey Enríquez de Almansa en 1580. El primero para solicitar se patentará una invención que no sólo ahorraba azogue, sino que también facilitaba la tarea del lavado de los metales.[24] El segundo, presentó el proyecto de un molino de metales, aparentemente repetitivo del que probara en 1544 Pérez Alemán, o probablemente del que patentara Juan Capellín en 1576. El trámite de estas solicitudes fue más estricto pues, para entonces, los gobernantes novohispanos no otorgaron Mercedes hasta no quedar fehacientemente probada la utilidad de la invención. José María López Piñeiro señala como otro de los importantes metalurgistas que perfeccionó el sistema de patio, a un tal Carlos Corso, que en 1578 registró alguna creación que se desconoce por completo.[25]

[22] AGN. Ramo General, vol. Exp. 231, ff. 231.

[23] AGN. Exp. 932. ff. 221.

[24] Ramón Sánchez Flores, *op. cit.*, p. 105.

[25] José María López Piñeiro, *La ciencia en la historia hispánica*, Madrid, Salvat, 1982, p. 30.

La lista de metalurgistas innovadores del sistema de amalgamación sería interminable, pues si se toman en cuenta las solicitudes presentadas en las oficinas de los alcaldes Mayores, principalmente en los Reales de Minas, la lista sería interminable, pues existen peticiones para el registro de innovaciones a veces infantiles y descabelladas, aunque otras tuvieron alguna utilidad para mejorar el método. El tiempo se encargó de depurar aquel torrente de invenciones, hasta quedar sólo aquellas que probaron su servicio en el perfeccionamiento del sistema inventado por Medina.

Existió quien intentó cambiar el azogue para la amalgama, como Pedro Martín, quien probó con corrosivos sublimados, llamados *Solimán* que en primer término resultó ser altamente tóxico para la salud de los mineros, pues se trataba de una sustancia corrosiva, derivada del cloro, que, finalmente, requería, también, una sublimación de mercurio; sin embargo, existieron peticiones a la Metrópoli sobre envió de Solimán, por considerarlo importante para el beneficio de los metales, aunque más tarde hay constancia de que las autoridades virreinales manifestaron "sean tan amables de reducir la cantidad de embarques de solimán, pues algunos minerales no reaccionan a él y han ocurrido algunas desgracias con los esclavos. En abril de 1562, los apenados sirvientes de Su Majestad escribieron nuevamente: "Por favor no hagan más caso del pedido de solimán a cargo de Su Majestad".[26] Nadie lo utilizaba ya para entonces.

El terreno de la teoría también recibió un amplio impulso a raíz de descubrimiento de la amalgamación a niveles industriales, tan sólo durante la segunda mitad del siglo XVI, pueden citarse las obras de "Lope Díaz de Mercado, Freyle Juan Díaz, Diego López, Lozano Machuca, Alonso Maldonado de Torres, Antonio Mendoza, Ovalle

[26] Alan Probert, *En pos de la plata*, México, Gobierno del Estado de Hidalgo, 2011, p. 28.

y Guzmán, Alonso Pérez, Benito Xuárez, Juan de Tejada, Inocente Téllez, Juan Pedrozo, Alonso Peña Montenegro, Miguel Rojas, Iván Vázquez de Serna, Pedro Jerez de Allos, Francisco Romero, Juan de Valencia, Fernando de Torres"[27] y, desde luego, el sevillano Juan Cárdenas, autor de la obra, *Primera parte de los secretos y maravillas de las Indias*, aparecido en México en el año de 1591.

Capítulo aparte merece la obra del padre Álvaro Alonso Barba titulada *El arte de los metales*, publicada en 1640, con la que se introdujo el sistema de cajones para el beneficio, obra que, por haberse publicado en siguiente siglo —XVII— sólo se menciona ya que las pretensiones de este capítulo sólo abarcan el XVI, siglo de tan fausta invención en Pachuca.

Por qué sistema de patio

No se sabe desde qué momento el método de amalgamación se llamó sistema o método de patio, derivado, sin duda, de la utilización de amplios espacios abiertos. El vocablo *patio*, como tal, es realmente tardío, pues de acuerdo con Martín Alonso, surge entre finales del siglo XV y principios del XVI para definir los espacios rodeados con paredes y galerías que en casas y otros edificios se deja al descubierto.[28] Joaquín Romero Murube, "con esta palabra se sustituye en Sevilla a los hasta entonces tradicionales "corrales domésticos" áreas, anexas a la casa donde se criaban animales y se sembraban algunas plantas de ornato y otras para aderezo de los

[27] Julio Rey Pastor, *op. cit.*, falta página. Julio. Ob. Cit. P. 118.

[28] Martín Alonso, *Enciclopedia del idioma. Diccionario histórico y moderno de la lengua española" (siglos XII a XX)*, t. III, España, Aguilar, 1947, p. 3175.

alimentos. En Sevilla, la costumbre de edificar estos espacios se generalizó en los primeros años del siglo XVI[29] y cobró tal fuerza, que era imposible concebir una casa sin este anexo, que terminó por convertirse en factor consustancial de toda vivienda, don Joaquín Hazañas, cuenta que "cuando un sevillano mandaba labrar una casa, decía a su arquitecto: Hágame Ud. en este solar un gran patio y buenos corredores; si terreno queda, hágame Ud. habitaciones".[30]

La residencia de Bartolomé de Medina en Sevilla durante al menos los primeros 50 años de su vida, coincide precisamente con la moda —prolongada hasta hoy en aquella ciudad— de construir patios anexos a la casa habitación, de donde puede entenderse el porqué de nombrar con esa palabra al sistema que como señala su biógrafo sevillano, Manuel Castillo Martos empezó a ensayar, precisamente en el patio de su casa en Sevilla[31] y posteriormente con todo éxito en el patio de su casa en Pachuca, que se convertiría en la célebre Hacienda de Beneficio de la Purísima Concepción.

No existen datos precisos sobre el año o etapa a partir de la cual empezó a denominarse con tal calificativo, aunque si alguna referencia indirecta, en la que diversos documentos del último tercio del siglo XVI refieren que como aquella que señala "el sistema para sacar platas de las artesas puestas en los patios" [32] o también aquello

[29] Joaquín Romero Murube, "Los jardines de Sevilla", en *Curso de Conferencias sobre Urbanismo y Estética en Sevilla*, Sevilla, Academia de Bellas Artes de Sta. Isabel de Hungría, 1955, citado por José Ramón Sierra, *La Casa en Sevilla 1976-1996*, Sevilla, Electa / Fundación El Monte, 1996, p. 80.

[30] Joaquín Hazañas, *La Casa Sevillana*, Sevilla, Consejería de Cultura, Junta de Andalucía, España, 1989, p. 23.

[31] Manuel Castillo Martos, *op. cit.*, p. 83

[32] AHPJEH. Protocolos de Pachuca. Escribano Pedro Morán. Caja 3, prot. 18, f. 22.

de "dio la orden para usar el azogue en los patios de la mina"[33] y otros más que sugieren el necesario uso de esos espacios.

Cañada del tulipán en el viejo camino de Pachuca San Miguel Cerezo hacia 1901.

[33] AHPJEH. Protocolos de Pachuca. Escribano Cristóbal Noguera. Caja 6, prot. 57, f. 42.

El monopolio del azogue como consecuencia del descubrimiento por amalgamación

La palabra *azogue* es de origen árabe y con ella se designó comúnmente al mercurio, también llamado *hidrargirio* —término latino— se trata del único elemento metálico que a temperatura ordinaria es líquido, ya que se solidifica a 39.4°C bajo cero y hierve a los 357.2°C, también suele denominarse *Cinabrio* porque en estado natural se le encuentra unido al azufre y tiene la característica de formar amalgamas o aleaciones con algunos metales, siendo las más importantes con el oro, la plata y el cobre. El descubrimiento del mercurio "se remonta al siglo a XVI a. C. ya que se ha encontrado un frasco conteniéndolo, en una tumba de esa fecha en Kurna (Egipto), pero su conocimiento no supone necesariamente su aplicación. En Mesopotamia y Asia Menor, es probable se halla utilizado como pigmento".[1]

[1] Antonia Heredia Herrera, *La venta de azogue en la Nueva España 1709-1751*, Facultad de Filosofía y Letras de la Universidad de Sevilla, p. 69.

Aunque griegos y romanos sabían de la cualidad del mercurio para amalgamarse con el oro o la plata, nunca pensaron explotarlo a nivel industrial para el beneficio mineral. "En la Edad Media, mucho se ocuparon los alquimistas de este metal, creyendo que era un componente y a la vez, esencia o principio básico de todos los metales. No se le consideraba como un metal verdadero, sino como un semimetal, idea que perduró al menos, hasta el siglo xviii".[2]

Es importante señalar, que el mercurio "es un mineral raro y precioso, del cual hay en el planeta recursos muy limitados. Una cadena de yacimientos de azogue rodea al mundo, la que empieza en China, atraviesa Rusia y Alaska y sigue a lo largo de la costa occidental de América; pero estos yacimientos sólo son ricos en unos cuantos puntos",[3] uno de ellos ubicado precisamente en España, la más importante productora de azogue, donde se ubican los yacimientos Almadén, "de riqueza única en el mundo, cuya explotación inició en el periodo de la ocupación romana, los que están todavía lejos de agotarse".[4]

Hasta mediados del siglo xvi, el uso del mercurio fue realmente marginal por no tener entonces aplicación práctica alguna, fue el descubrimiento de su utilidad en la amalgamación, lo que coadyuvó a reparar en su importancia. En principio, tal consideración surgió de las llamadas *Cartillas Alemanas*, que establecieron la posibilidad de servirse del azogue para el beneficio de minerales como el oro y la plata, condición que sería también ampliamente abordada en los libros *La Pirotechnia*, de Biriguccio —1540— y *De remetálica*, de Agricola —1556— fuentes en las que debió abrevar el Maestro Lorenzo, metalurgista que compartió con Medina sus

[2] Diccionario Espasa Calpe, t. XVI, 8° ed., Madrid, 1979, p. 781.

[3] Francis Mervyn Lang, *op. cit.*, p. 52.

[4] *Ibid.*, p. 63.

conocimientos en los primeros ensayos realizados por ambos en Sevilla. Sin embargo, hasta ese momento el interés por el mercurio se mantenía en niveles marginales, apenas apoyado, en la especulación científica de alquimistas y protometalurgistas, ya que fue el descubrimiento realizado por Medina en Pachuca, el que realmente propició su uso a gran escala para el beneficio industrial de la plata extraída en las minas americanas.

En efecto, hasta antes de 1555, año en el que llegó a España la noticia del descubrimiento —la patente se otorgó a finales de 1554— la demanda de mercurio se limitaba a un reducido mercado. Apenas unos cuantos fabricantes de espejos y termómetros lo consumían ordinariamente, pues los experimentos de los metalurgistas hasta entonces se contaban.

Almadén, proveedor de azogue a la Nueva España

El descubrimiento de Medina, como se ha afirmado antes, determinó tres circunstancias fundamentales para la Corona hispana, en primer lugar posibilitó la revaloración de la actividad minera, sobre todo en América, pues no sólo redujo tiempos y costos en la obtención de la plata, sino aún más, permitió beneficiar minerales de baja ley —con poco contenido de minerales preciosos— que hasta entonces se desechaban y depositaban en terrenos llamados *escombreras,* donde se acumulaban como material de desperdicio, en razón del alto costo que significaba su aprovechamiento con el antiguo sistema de fundición; en segundo término, tras el descubrimiento, la Corona consolidó en su favor el monopolio en la producción de azogue, hasta entonces concesionado en favor de los Függer —sus más importantes acreedores—, finalmente, como tercera consecuencia, gracias a la atinada política fiscalizadora, el gobierno hispano pudo racionalizar el consumo de azogue y con ello controlar la producción de plata, en razón de que, al ser único proveedor de azogue, estaba en posibilidad de calcular el tributo señalado —vigésima parte de la producción, llamada *quinto real*— que debía cubrir cada minero.

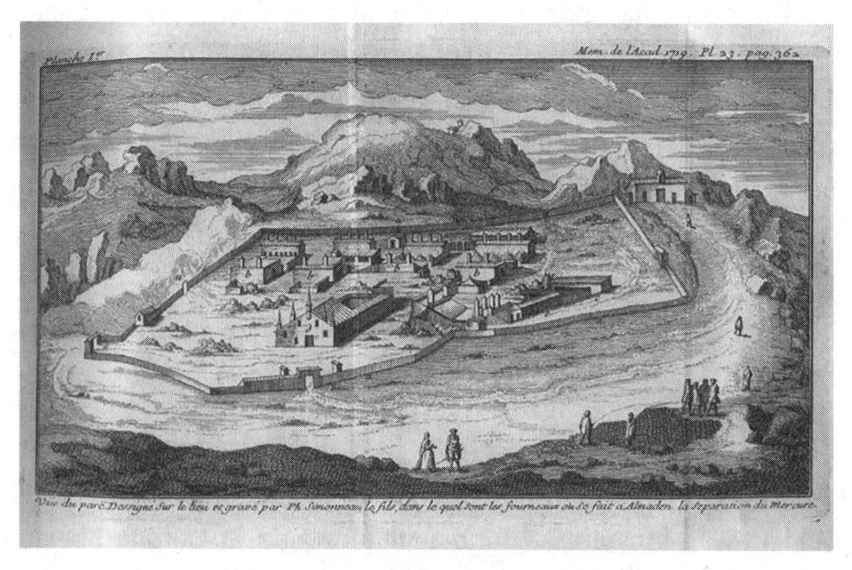

Minas de Almadén, proveedoras del azogue requerido por las minas de la Nueva España.

En este contexto de ideas, pronto las tierras americanas fueron pobladas de afanosos gambusinos, que se dieron a la tarea de encontrar y explotar minas de cualquier metal —preferentemente de oro y plata— en los vastos territorios del Nuevo Mundo, actividad considerada la más lucrativa de todas las emprendidas en América, con lo que se propició la gran fiebre del oro y la plata, que mucho coadyuvó a la gran riqueza de metrópoli en aquellos años.

Un impacto inmediato fue la súbita escalada del precio del mercurio en todos los mercados, que en menos de dos décadas alcanzó niveles insospechados, debido a lo que, la búsqueda de mercurio en todas las posesiones españolas se convirtió en una verdadera obsesión.

En efecto, tan pronto como se recibió la noticia de las características y requerimientos del sistema de Patio, la regencia de la Corona, a cargo de doña Juana de Austria —princesa gobernadora[5]— se apresuró a escribir al virrey Velasco, el 4 de septiembre de 1555:

> Porque de esa Nueva España avisan que el azogue es muy provechoso para fundir y afinar la plata, véase de buscar minas de azogue y tómese instrucción de lo que se hace en la Nueva España.[6]

A pesar de ésta y otras disposiciones emitidas al respecto, durante los años subsecuentes al descubrimiento no se explotarían en la Nueva España minas de este *sui generis* metal, como se deduce de los comentarios de Francisco Xavier Gamboa, cuando señala:

> No tenemos noticia ni la ha podido adquirir nuestra diligencia, en las curiosas historias y relaciones de los minerales de Indias, informes y otras cédulas; (sobre) si en los principios del descubrimiento de la Nueva España, se trabajaron algunas minas de azogue, que parece no haberse labrado *[sic]*.[7]

[5] Juana de Austria asumió la Regencia del gobierno español el 12 de julio de 1554, debido tanto a la ausencia del emperador Carlos V, como la de su hermano Felipe, sucesor al trono, quien marchó a los Países Bajos e Inglaterra para casarse con María Tudor. Esta Regencia duró hasta 1559, en que Felipe II volvió definitivamente a España.

[6] Modesto Bargalló, *op. cit.*, p.6.

[7] Francisco Javier Gamboa, *Comentarios a las Ordenanzas de Minas*, ed. facs., cap. I, com. 44, México, Secretaría de Patrimonio Nacional, 1961, p. 18.

En 1554 —año del descubrimiento del sistema de patio—, el único lugar dentro de los territorios del Imperio español que producía mercurio, era Almadén, pequeña población ubicada en la actual Castilla-La Mancha, cuyas minas fueron concesionadas desde 1525 a los hermanos Függer, banqueros alemanes, acreedores de la Corona, quienes "poseían el monopolio exclusivo para toda España, de manera que todo mercurio de otra procedencia era confiscado y sólo el gobierno podía autorizar la explotación de una segunda mina en sus dominios".[8] Al conocer los Függer de la necesidad del azogue para el beneficio de los metales americanos después del descubrimiento de Bartolomé de Medina en Pachuca hacia finales de 1554, sin ayuda de ninguna naturaleza se esforzaron largo tiempo, para producir la cantidad necesaria de mercurio que requerían las minas del Nuevo Mundo, sobre todo las Novo-Hispanas, lo que desde luego no pudo conseguirse debido a que la demanda siempre fue mayor que la producción. De 1556 a 1560, sólo pudieron importarse 891 quintales a la Nueva España y aunque en el lustro siguiente —1561 a 1565— la cantidad llegó a los 3003 quintales,[9] tal aumento fue insuficiente por lo que debieron esforzarse en los siguientes años como lo reporta Marvyn F. Lang en el siguiente cuadro.

[8] Ernesto Herring, *Los Fucar*, México, Fondo de Cultura Económica, 1944, p. 331.

[9] Mervyn Francis Lang, *op. cit.*, Apéndice uno, tabla, p. 353.

Importación de mercurio europeo a la Nueva España entre 1556 y 1710 en quintales[10]

Quinquenio quintales	
1556-1560	891
1561-1565	3 003
1566-1570	5 747
1571-1575	9 463
1576-1580	13 024
1581-1585	10 656
1586-1590	14 574
1591-1595	13 612
1596-1600	15 058
1601-1605	15 223
1606-1610	17 022
1611-1615	19 045
1616-1620	23 312
1621-1625	23 596
1626-1630	22 642
1631-1635	11 033
1636-1640	9 241
1641-1645	14 570
1646-1650	11 258
1651-1655	11 151
1656-1660	10 211
1661-1665	8 505
1666-1670	11 508

[10] Chaunu, *Seville et l'Atlantique*, vol. 8, 2, ii, pp. 1974-1975 y Mantilla Tascón, *op. cit.*, p. 291. Las cifras correspondientes a 1646-1650 y 1701-1710 proceden de AGI, Indiferente general. 1777, 1780; AGI, Contratación 4324, y AGI México 1067-1068. El mercurio importado de Idria esta incluido en estas cantidades.

1671-1675	12 901
1676-1680	9 474
1681-1685	6 919
1686-1690	8 000
1691-1695	11 129
1696-1700	8 007
1701-1705	13 155
1706-1710	15 999

A pesar del aumento en la explotación de Almadén, que fue del orden del 350% en tan sólo cinco años, las quejas de los mineros fueron continuas, pues sus peticiones se cubrían con apenas la mitad de lo requerido, debido a las considerables mermas suscitadas a lo largo de la tediosa y tardada transportación del producto, lo que suscitaba muchas insatisfacciones entre los mineros consumidores.

Una complicada logística para el envío del mercurio a América, fue echada andar por la Corona: una vez comprado el azogue a los Függer en Almadén, se entregaba a un Comisario establecido en dicho lugar, quien después de certificar la cantidad, lo remitía a Sevilla, donde era almacenado, para su posterior embalaje, estas operaciones, adolecieron siempre de lentitud, en virtud de la falta de disponibilidad económica tanto por parte de la Casa de Contratación como del Consulado Mercantil para sufragar los gastos de los recipientes de cerámica en que sería transportado el mercurio, dada su condición de metal líquido. Más tarde, apunta Mervyn F. Lang, se hizo en bolsas de cuero curtido —baldreses— que facilitaron su manejo.[11]

[11] Mervyn Francis Lang, *Las flotas de la Nueva España. Despacho, azogue y comercio*, Muñoz Moya Editor, Sevilla- Bogotá, 1998, p. 100.

De los almacenes de Sevilla, una vez embalado, era conducido por el Comisario de Azogues en lanchones río abajo, hasta el puerto de Cádiz, donde se entregaba a un nuevo comisario, encargado de vigilarlo mediante inspecciones diarias hasta su desembarque en Veracruz, lugar donde también recibía previa certificación el pago del flete, que a su regreso entregaba a la Casa de Contratación. En el puerto Americano, los nuevos Comisarios revisaban los recipientes a fin de cerciorarse de las cantidades recibidas y de la disminución por la merma que el producto sufriera en la travesía,[12] enseguida se hacían los arreglos pertinentes para enviar el azogue a la ciudad de México, a través de arrieros previamente licitados, a quienes se cubría el costo del flete hasta su llegada a la capital de la Nueva España, ello a fin de permitir que las autoridades virreinales pudieran descontar el valor de cualquier pérdida que no fuera natural en el trayecto.

Finalmente, se procedía a su distribución; en los primeros años ésta se hizo de conformidad con lo solicitado por cada minero, pero más tarde, ya a finales del siglo XVI, esta operación se realizó bajo criterios de equidad, a fin de no beneficiar a ningún minero en particular.

Si bien existieron actos de corrupción entre los embaladores y transportistas, así como bandolerismo y contrabando del producto, derivado de lo intrincado de los caminos, estos hechos no alcanzaron nunca grandes dimensiones.[13]

El que sólo se consumiera mercurio de Almadén, por ser entonces el único sitio de extracción conocido, permitió a la Corona

[12] La Corona española estableció una tolerancia para las mermas suscitadas en el transporte del mercurio, a efecto de que, rebasada ésta, el transportista respondiera por los faltantes.

[13] Mervyn Francis Lang, *op. cit.*, p. 100.

establecer una férrea vigilancia de la producción de plata refinada, que podía deducirse de acuerdo con los quintales de azogue que adquiría cada minero. Lo anterior justificó que el 04 de marzo de 1559, se expidiera la ordenanza que prohibió a toda persona, el uso de azogue que no fuera legalmente importado de España a cualquier sitio de las Indias, "hoy bajo la pena de ser perdido con duplo aplicándose por terceras partes al denunciador, cámara y fisco e incurriendo en las mismas penas las personas que lo compraron o revendieron".[14]

Independientemente del apoyo a los Függer esta disposición, permitió a la Corona obtener también un ingreso extra en la venta de este insumo a los mineros novohispanos ya que, mientras los banqueros alemanes vendían el quintal mercurio en 21 pesos, 6 reales, dos maravedís, la Corona lo colocaba en 82 pesos, 5 tomines y 9 granos,[15] cantidad que incluía los gastos de transporte y los quebrantos naturales, representaba una muy importante ganancia, disminuida por cierto a mediados del siglo XVII, cuando se encarecieron los costos de producción en Almadén.

El azogue de Huancavelica en el Perú

La insuficiente producción de Almadén para satisfacer el mercado americano obligó al gobierno español a buscar otras alternativas, siempre bajo su control. Así surgieron, en una segunda y afortunada instancia, las minas de Huancavelica en el reino del Perú; cuyos ya-

[14] Fabián de Fonseca y Carlos de Urrutia, *Historia general de la Real Hacienda, ordenada por el virrey Conde de Revillagigedo*, Vicente García Torres (ed.), t. I, México, 1845, p. 298.

[15] Antonia Heredia Herrera, *op. cit.*, p. 123.

cimientos mercuriales fueron descubiertos hacia el año 1563 según el manuscrito de Jorge Fonseca, o 1566, según De Solórzano, quien escribe:

> Las que llaman de Palcas en términos de la Ciudad de Guamanga, y poco después, un Indio, Amador de Cabrera, llamado —en su lengua— Navincopa del Pueblo de Acorria, descubrió allí cerca las que hoy llaman de Guancabelica *[sic]*, y entre ellas la principal que tomó el nombre de su Encomendero, y también la llamaron la de los Santos, la cual es un peñasco de piedra durísima, empapada toda en azogue, de tanta grandeza, que se extiende por ochenta varas de largo y cuarenta en ancho, en (la) que podían labrar más de trecientos hombres juntos por su grande capacidad.[16]

El descubrimiento del mercurio peruano hizo reaccionar a los Függer, quienes de inmediato presionaron a la Corona a fin de que se establecieran medidas protectoras para su monopolio. En tales circunstancias, el gobierno hispano se apresuró a emitir disposiciones para limitar la exportación de mercurio peruano a México al reducir su venta sólo para el caso de que escasera en el Virreinato novohispano, el mercurio de Almadén.

En claro desacato a la prohibición anterior, continuaron los envíos del puerto de El Callao, en la costa central de Perú, al de Acapulco, en la Nueva España, varios cargamentos con cientos de quintales de azogue, durante la década de 1560 y hasta 1570.[17] Sin lugar a dudas, el mercurio de Huancavelica era mucho más barato que el que vendía la Corona procedente de Almadén, en razón

[16] Juan de Solórzano y Pereyra, *Política indiana,* lib. VI, cap. II, núm. XII, Madrid, Imprenta Real del Gazeta, 1776.

[17] Mervyn Francis Lang, *El monopolio del azogue, op. cit.,* p. 64.

de recorrer distancias más cortas y estar sometido a menor número de trámites burocráticos, pero ello implicaba el doble problema aludido: por un lado, la lesión a los derechos del monopolio de los Függer —con quienes Felipe II estaba sumamente comprometido en razón de la exorbitante deuda que la Corona mantenía desde los tiempos de Carlos V, su padre— y por el otro, el desquiciamiento del Estanco gubernamental ya instituido que aseguraba, por un lado, buenas ganancias por la venta del mercurio y, por la otra, un estricto control a la producción del mineral beneficiado, de acuerdo al volumen de azogue empleado, con lo que se evitaba la evasión o elución de los mineros en el pago de la quinta parte de su producción metalífera a la Corona. Por ello, debieron endurecerse las medidas de prohibición para el azogue peruano y se dispuso en 1571 "que no saliera del Perú rumbo a la Nueva España ninguna cantidad de mercurio que no hubiera sido específicamente solicitada por el virrey".[18] En ese mismo año un cargamento de 160 quintales que estaba a punto de ser enviado a Acapulco fue confiscado por los oficiales reales en El Callao.[19]

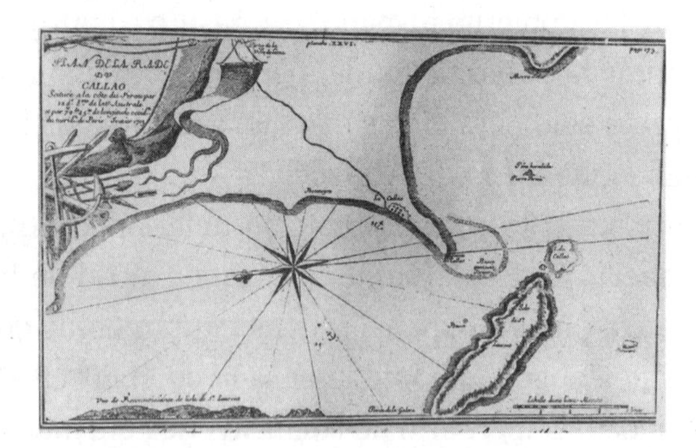

Bahía del puerto de Callao, Perú, donde se embarcaba el azogue de Huancavelica.

[18] Juan de Solórzano y Pereyra, *op. cit.*, vol. 4, lib. VI, cap. 2, p. 17.

[19] Mervyn Francis Lang, *El monopolio del mercurio*, *op. cit.*, p. 98.

El sistema de patio fue introducido en Perú por Fernández de Velasco, hacia 1571, debido a lo cual, la producción de Huancavelica encontró en el propio territorio peruano un nuevo y más cercano mercado del mercurio, mientras que los envíos a la Nueva España coadyuvaron a un desmedido contrabando de este producto, debido a que Almadén no daba satisfacción a las necesidades de esta región la más alta productora de plata. Por otra parte, un informe sobre la producción azogue permite saber que la diferencia fue notaria, pues mientras en Almadén se obtenían, en un buen año, 4 000 quintales, en Huancavelica, la cantidad llegaba a los 7 000. Sin embargo, al iniciarse el siglo XVII, la producción peruana de mercurio entró en franca decadencia por lo que los propios mineros peruanos se vieron obligados a acudir al mercado de Almadén.

El Mercurio de Idria

El vertiginoso ritmo de los descubrimientos argentíferos en la Nueva España durante la segunda mitad del siglo XVI coadyuvó a la importancia que cobraron Almadén y Huancavelica como proveedores del azogue requerido por el nuevo sistema para beneficiar el mineral extraído, pero ambos sitios fueron impotentes para sufragar las necesidades de mercurio, en razón de lo cual se acudió a otros lugares fuera del Imperio español. Tal es el caso del adquirido de las minas de Idria —actual Eslovenia— descubiertas en 1490, perteneciente entonces al Imperio austríaco, con quien debieron hacerse gestiones para la compra de este metal, por medio de los llamados *asentistas*, que eran comerciantes particulares con quienes la Corona hacía arreglos o *asientos* para que entregaran en Cádiz determinada cantidad de azogue.

El primero de estos asientos fue firmado por el gobierno, con el portugués Rodrigo de Bazo y Andrés Larrea, en 1561; quienes se comprometieron a remitir a la Nueva España cierta cantidad de mercurio de Idria, además de otra de Almadén. Otro comerciante particular, Simón Ruíz, consiguió embarcar ilegalmente algunas cantidades de mercurio austríaco rumbo a México.[20]

Al aumentar la producción de Almadén, a finales del siglo xvi, decreció el interés por el azogue de Idria y, si bien se celebraron diversos asientos con comerciantes como Karl Albertineli y Frederick Oberloz, a lo largo del siglo xvii, los montos fueron relativamente pequeños.

El azogue de China

Otro lugar de donde se intentó e incluso llegaron a adquirirse algunos cargamentos de mercurio fue China. En el Archivo General de Indias obran diversas protestas de mineros novohispanos elevadas a la Corona, hacia 1584, debido a los altos costos del azogue de Almadén en las que se incluye la sugerencia de adquirirlo en China, "donde según noticias que tenemos existe en abundancia".[21] Diego de Bazo —antes exportador de mercurio de Idria— se ofreció para traer de China fuertes cantidades de azogue, sin embargo, ese mercado quedó sujeto a las restricciones del comercio transpacífico, realizado por el famoso galeón de Manila que, tan sólo una vez al año, traía productos tanto de las Filipinas como de Oriente, y regresaba con

[20] *Idem.*

[21] AGI. Patronato 238, ramo 3. Petición de Mineros en 1584.

mercancías de la Nueva España, condición que, en razón de tiempo, resultaba desfavorable para surtir del azogue que requerían los mineros americanos.

La seria crisis en la producción del azogue tanto en Almadén como en Huancavelica a finales del siglo XVI orilló a la Corona a pensar seriamente en establecer el mercado con China. En 1606, Felipe III, el Piadoso, solicitó al virrey de la Nueva España, Luis de Velasco hijo, que escribiera a Diego Acuña, gobernador de Manila —en las Filipinas—, a efecto de que este último comprara 4000 quintales de azogue chino y los enviara a Acapulco, pero, en 1609, se informaba que la orden no había sido cumplida.

Fue hasta el periodo de 1612-1619, cuando llegaron las primeras importaciones de mercurio chino a México, aunque las cantidades recibidas fueron realmente pequeñas en relación con las necesidades de los mineros novohispanos y el costo resultó realmente excesivo. Por si fuera poco, una de esas remesas enviada a Martín de Chavarrieta, minero de Taxco, resultó deficiente, ya que el metal beneficiado conservó muchas impurezas de plomo y estaño, de modo que el mercado chino de cinabrio fue un espejismo.

No puede descartarse la posibilidad de que algunas cantidades de azogue chino llegaran a Acapulco por la vía del contrabando, quizá éste haya sido uno de los motivos por los cuales el tráfico entre Filipinas y México se limitó, de la misma manera en que se restringió por las autoridades el que se sostenía con el Perú.

El posible mercado novohispano

El monopolio del mercurio ejercido por el gobierno español llegó a extremos ruinosos, pues no obstante la imposibilidad de sostener la demanda del producto, se establecieron prohibiciones para obtenerlo en el mismo reino Novohispano y aún más, hasta para realizar exploraciones en su busca. Un ejemplo muy ilustrativo es el siguiente, en 1555, al año siguiente del descubrimiento del sistema de patio, se habían encontrado minas de mercurio en la Nueva España "en —unas— antiguas catas y vetas abandonadas en términos de Uclán en Colima, Cojuca y Taliscapa. Al saberlo la Corona, se pronunció pronto sobre el beneficio de tales minas novohispanas y prohibió cualquier labor en tales lugares".[22] Aunque las razones aducidas se apoyaban en la escasa cantidad de mercurio en esos lugares y en los elevados precios para su obtención, la disposición carecía de fundamentos sólidos pues sus apreciaciones eran verdaderamente superficiales.

De todo ello se desprende el tardío denuncio de minas de cinabrio, ya que las primeras oficialmente descubiertas, fueron las de Chilapa, hoy Guerrero, cuyo registro se hizo hacia el 1676 por Gonzalo Suárez de San Martín.[23]

Ésta es, a grandes rasgos, la primera consecuencia desprendida del descubrimiento de Medina: el surgimiento de un monopolio que dio al gobierno español considerables ganancias, las que, por cierto, poco sirvieron para salvarlo de sus colosales apuros, debido a la mala administración de sus ingresos.

El azogue, apenas utilizado antes de 1554 para algunas actividades artesanales, se convirtió a raíz del descubrimiento de Medina, en insumo de primer orden para el beneficio mineral, con lo que su precio pasó de los cinco mil maravedíes, es decir 20 pesos por quintal, a 50 por igual volumen y en muchos casos excedió ese

[22] Antonia Heredia Herrera, *op. cit.*, p. 83.

[23] Carlos Prieto, "La minería en el Nuevo Mundo", *Revista de Occidente*, Madrid, 1968, p. 119.

importe. El contrabando, la corrupción y otras ilegalidades, pronto generaron un mercado negro incontrolable que auspició una muy restringida circulación de azogue, que desembocó en la elevación desmesurada de los costos del beneficio, en un mercado donde la abundancia de plata generaba ya una vertiginosa pérdida de su valor en Europa. Por otra parte, la falta de control en el manejo del metal que daba respaldo a todas las monedas del Viejo Continente y las malas medidas financieras, ocasionaron una terrible crisis en la actividad extractiva, que habrá de sentirse en todos los ámbitos durante el siglo XVII, llamado, "de la depresión".

Sería absurdo pensar que, debido estos avatares económicos, el invento de Medina careciera de importancia, o se considerara como causa de uno de los conflictos inflacionarios más difíciles de la historia. Permanece como un monumento al esfuerzo e ingenio del hombre para resolver los problemas de su época, en este caso, para abrir nuevos horizontes en favor de una ciencia casi desconocida en su tiempo, la química, en su rama metalúrgica.

La revolución de precios del siglo XVI

Principal consecuencia del aumento de la plata americana

Un fenómeno económico que acapara la atención de historiadores y economistas del periodo mercantilista, es sin duda alguna, el conocido como la Revolución de los Precios suscitado a finales del siglo XVI y prolongado en buena parte de la primera mitad del XVII. Su estudio ha merecido tratamientos especiales y complejos como los de Carlo M. Cipolla, Gastón Zeller, Luigi Einaudi, Earl J. Hamilton y Stanislaw Hoszwski y Fernand Braudel, sólo por mencionar a los más importantes.

Aparentemente, la crisis inflacionaria, inició a finales del siglo XV, pero se agudizó y afectó "profundamente a los países mediterráneos a partir de 1570".[1] España en particular, resultó ser el país

[1] Fernand Braudel, *El Mediterráneo y el mundo mediterráneo en la época de Felipe II*, 2° ed., t. I, México, Fondo de Cultura Económica, 1976, p. 683.

más golpeado por ese fenómeno económico, como lo demuestran las siguientes estadísticas tomadas de un ilustrativo cuadro que sobre los promedios de la inflación en la segunda mitad del siglo XVI, consigna Erl J. Hamilton:

Promedios decenales de los índices de precios de 1550 a 1600 Base= 1571-1580

Decenios	Andalucía	Castilla la Mancha	Castilla la Vieja y León	Valencia
1551-1560	72,85	68,21	78,74	78,06
1561-1570	92,48	89,41	92,96	87,32
1571-1580	98,24	100,00	99,44	99,83
1581-1590	110,14	110,26	105,59	111,79
1591-1600	121,26	118,77	121,78	124,28

De acuerdo con estos datos en 50 años, los precios aumentaron en Andalucía un 66.5%, con una inflación por década de 13.3%, la más dramática fue la primera con 26.9%; en el caso de —la hoy— Castilla la Mancha, el incremento total alcanzó el 74% es decir un promedio de 14 puntos por década y de 31 en la más trágica; por lo que se refiere a Castilla la Vieja y León, el total en los cincuenta años fue de 54%, 13.9 por decenio, aunque el de mayor aumento, se alcanzó el 18%. Finalmente, Valencia al parecer fue la porción geográfica menos castigada ya que alcanzó una inflación total de 59% y el promedio por década fue de 11.8%, sin sobresaltos a lo largo de todo el periodo.

Una breve mirada a la situación prevaleciente en España permite verificar que el poder adquisitivo de los trabajadores decayó de manera dramática, como puede verificarse en el siguiente comparativo: "En Francia, por un real, se podían comprar 60 cosas determinadas; en Roma, 50; en Rusillón y Cerdeña, 40; en Cataluña, Aragón y Valencia, 24; y en Castilla solamente 17".[2] Hamilton mismo, consigna que "un escribano percibía, aparte de su comida y alojamiento, 1 000 maravedíes anuales; un peón ganaba (cuando tenía empleo), 5 000 en ese mismo periodo; un ayudante de albañil, 6 000 y un maestro albañil, 12 000".[3]

Si conjugamos estos datos con los que consigna el historiador mexicano José Luis Martínez, el salario de un artesano medio, a finales del siglo XVI dice, se fijaba entre 5 y 10 mil maravedíes anuales, de modo que su ingreso diario oscilaba entre los 13.7 y 27.4 maravedíes,[4] pero ¿qué podía adquirir con esa cantidad?, si de acuerdo con las tablas de Hamilton en Andalucía, los costos de los productos de mayor consumo eran los siguientes: "Por un litro de vino, 4.21 maravedíes; un kilo de biscocho moreno, 5.43; un litro de aceite, 6.96; un litro de trigo 1.34; cinco velas de sebo 4.60 y un litro de miel por 6.80, productos que excederían el mejor de los salarios, esto, sin tomar en cuenta otros gastos de primera necesidad, como vestido, calzado, leña y otros, sin olvidar los diezmos eclesiásticos, todo ello da cabal idea del reducido poder adquisitivo de los salarios en aquel momento.

[2] Enrique Semo, *op. cit.*, p. 127.

[3] Hamilton J. Earl "American Treasure and the Price Revolution in Spain 1501-1650". *Harvard Economican*, vol. XLII, Cambridge, Harvard University Press, cap. XI, p. 52.

[4] José Luis Martínez, *op. cit.*, p. 55.

Para nuestra sensibilidad de hombres del siglo XX, comentan Rugerio Romano y Alberto Teneti, habituados desde hace más de tres generaciones a fulminantes subidas de precios, esta situación no parecería anormal, pero como todo hecho histórico, hay que examinarlo en una perspectiva de conjunto,[5] sobre todo en una etapa en la que, las condiciones de vida, si bien no eran de carácter permanente, el cambio y transformación de los escenarios era realmente excepcional y la realidad cobraba visos de amplia permanencia.

La difícil situación económica europea tuvo como consecuencia una alarma generalizada, pero, sobre todo, creó un clima de estupefacción ante un fenómeno que no tenía precedente. Es fundamental recordar que aquella crisis se generaba después de un siglo de decremento en los precios —el XIV— y otro de inmovilidad en los mercados —el XV—. De allí que resulten justificadas quejas como la de aquel francés que escribía hacia 1560, "en tiempos de mi padre, todos los días había carne, los víveres abundaban y se hacía vino como agua".[6]

La teoría cuantitativa

Dentro de las muchas explicaciones que los estudiosos han esgrimido para entender el origen de la Revolución de los Precios en la Europa de la segunda mitad del siglo XVI, Earl J. Hamilton construye la que llamó teoría cuantitativa, surgida de la interpretación de diversos autores, principalmente dos contemporáneos a tal fenómeno, Martín Azpilcueta, maestro de la Universidad de Salamanca, cuyas

[5] Rugiero Romano y Alberto Teneti, *Historia universal,* 14° ed., México, Siglo XXI Editores, 1983, p. 292.

[6] Fernand Braudel, *op. cit.,* p. 686.

obras fueron publicadas en 1590 y Francisco López de Gómara, quien abordó ampliamente el tema en su libro *Anales de Carlos V*, publicado por desgracia hasta 1912, ambos autores estudiaron el problema a profundidad bajo la óptica misma del siglo XVI y llegaron a la misma conclusión, los trastornos económicos de Europa, se derivaron de la invasión exponencial de los mercados por el arribo de la plata —principalmente— y el oro de América, primeramente de manera moderada pero aun así, desmesurada para el incipiente comercio de capitales en aquel continente y, más tarde, a partir de 1570 merced a los grandes torrentes que terminaron por desquiciar toda la economía del viejo mundo.

A las explicaciones del fenómeno económico hechas por los autores españoles, se agregaron las de economistas de otros países, como es el caso del mercader Inglés Gérard Malynes quien explicaba en 1601, "la subida general de los precios se debe —a los mares de monedas— llegadas de las indias, ellas han originado una disminución de la medida, lo que a su vez hace crecer las cifras con el fin de restablecer el equilibrio".[7]

Por otro lado, se encuentra la opinión del abogado francés Noël du Fail, quien, en 1585, señalaba en su obra *Contes et Discursos Eutrapel*, que tal fenómeno "ocurrió a causa de los países recientemente descubiertos y las minas de oro y plata que los españoles y portugueses traen a casa y que dejan marchar a esa otra mina que es Francia, pues no pueden prescindir del trigo y mercancías de ésta".[8]

El problema ha sido abordado también de manera puntual por los más prestigiados economistas, Max Weber, avala las explicaciones de la teoría cuantitativa al afirmar, "desde el siglo XVI la

[7] *Ibid.*, pp. 689 y 690.

[8] *Idem.*

creciente afluencia de metales nobles a Europa proporcionó la base económica para el establecimiento de relaciones fijas en el régimen monetario, por lo menos desde que en el occidente europeo, el Estado absoluto hubo acabado con la pluralidad de titulares de la regalía monetaria y sus competencias [...]. El descubrimiento de la ruta marítima de las Indias orientales por Vasco de Gama y Alburquerque, puso fin al comercio intermediario de los árabes; la explotación de las minas de plata mexicanas y peruanas echó sobre Europa grandes masas de metal noble americano; súmase a ello la invención de un procedimiento racional de beneficio de la plata a base de su amalgamación con el mercurio".[9]

Por su parte, Karl Marx, en su *Crítica a la economía política*, asegura "el hecho de que en los siglos XVI y XVII no solamente aumentara la cantidad de oro y de plata, sino que disminuyeran simultáneamente los gastos de producción, hubiera podido comprobarlo Hume con el cierre de las minas europeas. Durante los siglos XVI y XVII los precios de las mercancías en Europa subieron a medida que aumentaba la masa de oro y plata importada [...]".[10]

Finalmente, Adam Smith, en su obra *La riqueza de las naciones*, explica: "El descubrimiento de las abundantes minas de América, parece haber sido la única causa de la disminución del precio de la plata", y agrega: "debe advertirse, no obstante, que el descubrimiento de esas minas no tuvo influencia sensible en los precios de las cosas, hasta los años de 1570".[11]

[9] Max Weber, *Historia económica general*, México, Fondo de Cultura Económica, 1974, p. 217.

[10] Karl Marx, *Crítica a la economía política*, México, Editora Nacional, 1969, p. 173.

[11] Adam Smith, *La riqueza de las naciones*, Barcelona, Oikos-tau, 1988, p. 271.

Independientemente de la coincidencia, tanto de los autores contemporáneos a la crisis, como de los posteriores, en el sentido de que la Revolución de los Precios" se generó en razón de las grandes cantidades de metal producidas en las minas de América —a mayor abundancia menos valor— ademas todos concuerdan en que tal hecho inició sustancialmente en el ultimo tercio del siglo XVI, periodo en el que la afluencia de metales —sobre todo plata— cobró caracteres impresionantes y precipitó el fenómeno inflacionario.

Otras causas de la revolución de precios

A pesar de la claridad en los argumentos esgrimidos por la "teoría cuantitativa", es conveniente señalar que la invasión de metales preciosos procedente de América por sí sola, no puede explicar con toda profundidad el colapso económico de la Europa mercantilista, sin examinar otras condiciones de la época en el Viejo Continente.

Quien más profundizó en las causas de la crisis europea del siglo XVI fue el economista italiano Luigi Einaudi,[12] quien asegura que "la producción minera de las tierras americanas, no fue necesariamente *un primus movens*, del alza de los precios, pero si una de sus más profundas causas, ya que el acelerado desarrollo económico de Europa —dice— exigió y estimuló paulatinamente la búsqueda de oro y plata en América,[13] con lo que se propició el aumento en la circulación de metales preciosos americanos en el último tercio del siglo XVI.

[12] Economista italiano —1874–1961— segundo presidente de la República italiana (1948- 1955) y gobernador del Banco de Italia, de 1945 a 1948.

[13] Fernand Barudel, *op. cit.*, p. 690.

Mas todas las explicaciones relacionadas con la crisis, inciden en España, ya como dueña de las posesiones americanas de donde se extraían los metales preciosos, ya como la potencia de mayor importancia en Europa, pero ante todo concuerdan en culpar de la situación a la equivocada política experimentada durante el reinado Felipe II en la última mitad del XVI.

Una rápida mirada a la España de la decimosexta centuria permite comprobar la zozobra vivida por sus gobernantes, en efecto, "la monarquía española vivió en constante estado guerra durante casi todo el siglo XVI [...] contra el islam en el Mediterráneo; en la defensa de su frontera con Francia y en el Atlántico, en protección de las comunicaciones marítimas con la Europa del norte y con el Nuevo Mundo.[14] Pero los más costosos conflictos sucedieron en la segunda mitad de aquella centuria, durante el reinado de Felipe II. El primero, la Guerra de los Ochenta Años sostenida en Flandes a partir de 1568 y culminada en 1648, con la Paz de Westfalia, por la que, las provincias de los Países Bajos lograron su liberación; se agrega también la guerra contra Inglaterra entre 1585 a 1604 y, finalmente, la gravosa empresa militar iniciada para anexar a Portugal en 1580. Todas estas luchas incidieron en los excesivos y constantes gastos, que sólo pudieron sufragarse con la plata y el oro americanos.

Por si todo lo anterior fuera poco, debe agregarse que, desde la etapa de Carlos V, España decidió también encabezar la lucha contra el sisma religioso iniciado por Martin Lutero y, más tarde, acrecentado en sus dominios por Juan Calvino, lo que finalmente le ganó la enemistad de Francia e Inglaterra, quienes apoyaron la liberación de Flandes, el costo de aquella cruzada religiosa derivó en

[14] I. A. A. Thompson, *La guerra y la decadencia. Gobierno y administración en la España de los Austrias (1560-1620)*, Barcelona, Crítica, 1981, p. 17.

verdaderos dispendios, financiados con préstamos de los banqueros alemanes, Függer y Welser, cuya suerte principal, aunada a los elevados intereses pactados, fue pagada con los metales americanos.

Finalmente, otra circunstancia que incide en la Revolución de los Precios se derivó de la decadente actividad agrícola desplegada en la península española y en su exiguo crecimiento industrial y naval, que mucho coadyuvaron a convertirla en un simple puente por el cruzaban los lingotes de plata y oro hasta terminar en las arcas de Francia, para adquirir trigo o en las de Amberes para la compra de productos manufacturados.

La historia de España muestra que los tres más críticos momentos de su economía se suscitaron durante el reinado de Felipe II, el primero, en 1557; el segundo, en 1575, y el tercero, en 1597; curiosa simetría: al principio, en la mitad y al final de su gobierno, etapas en las que el hambre amenazó en algunas comarcas y hubo necesidad de importar cereales de los países del norte de Europa el llamado *entre pan del mar* a fin de paliar la escasez de productos alimenticios en un país donde la agricultura, no era protegida y empezaban a notarse los primeros síntomas de la crisis industrial y mercantil.[15]

El invento de Medina en la crisis del siglo XVI

Una pregunta recurrente entre los estudiosos de la crisis de la décima sexta centuria en Europa es por qué ésta se desató de manera cruenta en el último tercio de aquel siglo, ya que, como se ha visto, la disminución del poder adquisitivo de la moneda se hizo sentir desde su inicio, pero fue en la segunda mitad del siglo, sobre todo

[15] Carl Grimber, *Historia universa,* t. VII, México, Daimon, 1983, p. 130.

en los ultimos años, cuando se magnificó de manera brutal, sobre todo en España.

Sólo una respuesta resulta lógica y congruente con los hechos de aquel momento: el aumento de la llegada de oro y, sobre todo, de plata americana, gracias a que el descubrimiento de Medina, en Pachuca, hacia 1554, facilitó los procesos de beneficio mineral y propició que aun los minerales de baja ley antes desechados pudieran explotarse a bajos costos y en menor tiempo. A partir de la séptima década del siglo XVI, la aplicación del sistema de amalgamación o de patio se geneneralizó tanto en la Nueva España como en Perú.

Lo anterior es confirmado por Pierre Vilar, cuando asegura que "las crisis financieras que se observan en España y en toda Europa a mediados del siglo (XVI) se relacionan con lo que Braudel llama un cambio de combustible, es decir el paso del oro a la plata como principal agente de excitación económica"[16] y agrega:

> Después del descubrimiento casi simultáneo de las minas de México y del Perú en 1545-1546, y de la aplicación de la amalgama de mercurio en las minas novohispanas, en 1559-1562 y la aplicación del mismo método en Perú hacia 1570-1572, se abrió lo que P. Chaunnu ha llamado el Cielo de la Plata, que culmina, como ya sabemos, en las llegadas máximas de metales a Sevilla, entre 1580-85 y 1590-1600, plata que se convirtió a los ojos del mundo, en símbolo de rápido enriquecimiento.[17]

Es también en este periodo, dice Adam Smith, cuando "la mayor parte de Europa realizó importantes mejoras y progresos en sus

[16] Pierre Vilar, *Oro y moneda en la historia (1450-1920)*, Barcelona, Ariel, 2° ed., 1972, p. 155.

[17] *Ibid.*, p. 163.

actividades económicas y, por consiguiente, impulsó el crecimiento en la demanada de plata. Pero el aumento de la oferta exedió tanto al de la demanda, que el valor de dicho metal bajó considerablemente"[18] situación que repercutió en los precios de las mercancías básicas al perder valor adquisitivo la plata.

Braudel indica que "el alza general de precios en el siglo XVI afectó profundamente a los países mediterráneos, sobre todo a partir de 1570, situación que se desbordó ampliamente en el siglo XVII".[19]

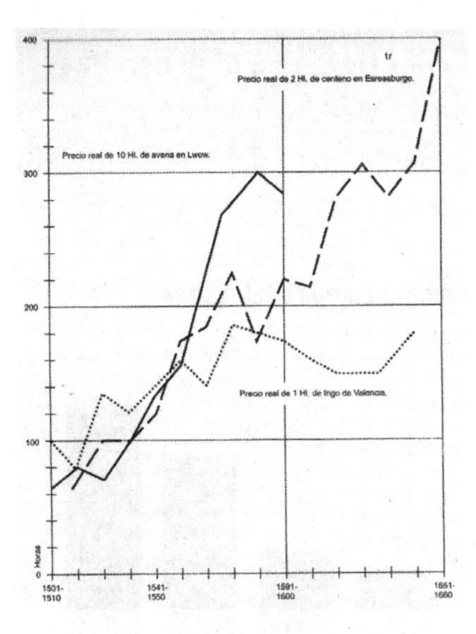

Precios reales de los cereales en Estrasburgo, Leópolis y Valencia.

La siguiente gráfica resulta ilustrativa del comportamiento de los precios del trigo, la avena y el centeno, en Estrasburgo, Leópolis —en la zona alemana— y Valencia —en la de España—, en la que puede apreciarse cómo el incremento de sus precios inició en 1501 de manera moderada hasta 1541, año en el que se experimenta la primera oscilación súbita, que es la más prolongada a partir de 1570, y aunque puede notarse una pequeña baja en 1585, continúa su línea ascendente después de 1600.

Con la llegada de los cargamentos de plata a Europa, bien puede construirse una gráfica inversa a la anterior, ya que los progresos en la producción se reflejaron de manera contraria a la disminución

[18] Adam Smith, *op. cit.*, p. 271.

[19] Fernand Braudel, *op. cit.*, t. I, p. 683.

en los precios del mercado de básicos, lo que muestra también cómo la plata fue perdiendo poder adquisitivo. Según los procesos de exploración, hasta 1530, la producción de metales es insignificante en razón de proceder de un periodo en el que apenas se rastreaba en las tierras del nuevo continente la existencia de minas. En la siguiente etapa, que abarcó hasta 1560, la producción inició un crecimiento moderado, pues en ella, si bien se opera el mayor número de denuncios y registros de nuevos sitios mineros, el rudimentario sistema de extracción y, ante todo, de beneficio, impide el pleno desarrollo de la minería. Es en el último tercio del siglo xvi, al generalizarse la aplicación del sistema de beneficio de Medina, cuando se suscitó el mayor crecimiento en la producción de plata del que se tuviera memoria hasta entonces.

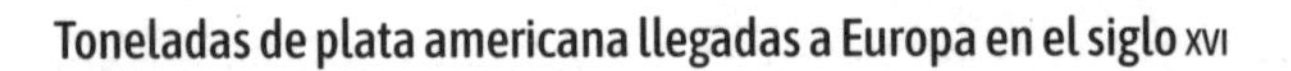
Toneladas de plata americana llegadas a Europa en el siglo xvi

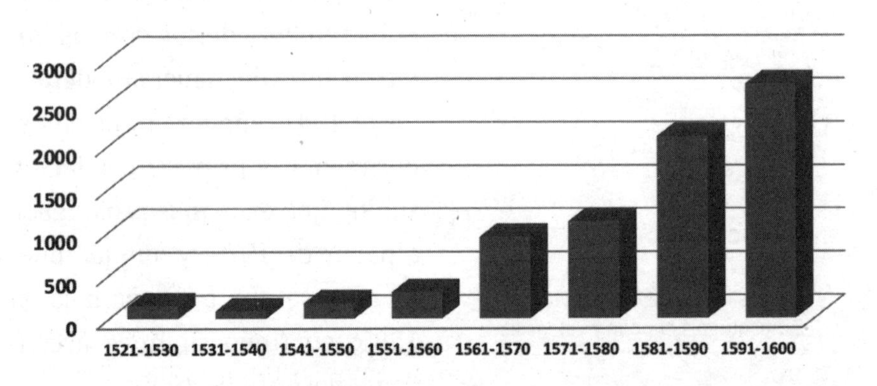

La inundación de los mercados europeos, con los torrentes de la plata americana, permiten hoy reflexionar acerca de la trascendencia del descubrimiento del sistema de amalgamación, ya que en los metales preciosos procedentes de las innumerables minas descubiertas en el nuevo continente, por sí solas, poco podrían haber influido en la economía de Europa, conmovida hasta la raíz. Cuando la aplicación del nuevo método de beneficio se generalizó en las minas americanas y aumentó súbitamente la exportación de plata a los mercados del Viejo Continente, se originó un considerable incremento en la acuñación de moneda y, enseguida, el trastorno de toda la economía del orbe occidental, que precipitó la depreciación de esos metales e influyó en la Revolución de los Precios iniciada en de aquella centuria

España, puente de la plata americana en Europa

Hubo una condición que estimuló la crisis: el despilfarro indiscriminado de los grandes torrentes de metales americanos que, llegados a la endeudada y conflictiva España, salieron de sus arcas casi de inmediato, a efecto de cubrir los cuantiosos gastos de guerra, sin olvidar la constante adquisición de granos que no producía el campo español y de efectos manufacturados no generados por la incipiente industria de la península.

En efecto, en razón de los muchos rescoldos feudales que conservó la España del siglo XVI, sumados a la costosa defensa de los intereses de catolicismo prohijados por el clero y las minorías de terratenientes, que mucho propiciaron la formación de crecidas masas de campesinos desposeídos, España se constituyó en una especie de puente por donde la plata transitó a los demás países europeos, vía pago de deudas e intereses a sus acreedores —los banqueros sudalemanes— o bien para sufragar los gastos de guerra y la adquisición de bienes no producidos en la península. Hubo, desde luego, quienes avizoraron el negro porvenir del imperio e insistieron en cambiar la estrategia política y presionaron a la Corona para establecer medidas impulsoras y protectoras del desarrollo agrícola e industrial de la península, así, en 1584 se prohibieron las exportaciones consideradas desastrosas para la economía española.[20] Dos años más tarde, en 1586, se insistía nuevamente para que "no se tolere en adelante la importación de velas, cristalería, joyas, cuchillería y otros objetos análogos que llegan del extranjero, lujos inútiles que se cambian por oro y plata como si los españoles fuesen indios".[21]

La reacción del gobierno español fue realmente tardía. Para finales del siglo xvi, el valor de la plata había disminuido considerablemente y no había mercado en Europa donde no circulara moneda fraccionaria de ese metal entregada por España a cambio de las muchas mercancías no producidas en la península. Difícil sería imaginar —dice Eitan Swentzer— lo que hubiera pasado con aquella anémica España de no tener descubiertas ya las minas de ultramar y descubierto ya el sistema de la amalgama americana. Sin duda, habría naufragado en el mar proceloso de la economía mercantilista europea y hasta perdido sus colonias en el Nuevo Mundo.[22]

Finalmente, resulta importante señalar que el invento de Medina mucho debió coadyuvar al surgimiento de una corriente cultural conocida como el Siglo de Oro de las letras españolas que, metafóricamente, por esas consideraciones debió llamarse el Siglo de la Plata.

[20] Braudel, *op. cit.*, p. 687.

[21] *Idem.*

[22] Eitan Swentzer, *Economía de la pobreza en la España del Siglo de Oro*, Madrid, edición del autor, 1997, p. 45.

Epílogo

El principal objetivo de este trabajo es rescatar la azarosa biografía de Bartolomé de Medina, un empírico metalurgista del siglo XVI —hombre de su tiempo— que logró, gracias a su tenacidad intelectual y destreza técnica, aterrizar los intentos de la ciencia de aquellos años, al aplicar con éxito, por primera vez en Pachuca a finales 1554 —fecha derivada de nuevas fuentes documentales— el método de amalgamación o de patio, que, mediante el uso del mercurio o azogue —y otros elementos magistrales—, logró que el beneficio de plata fuera más rápido, menos costoso y aplicable aun a minerales de baja ley.

De manera complementaria, se examina cómo las grandes cantidades de plata beneficiada a partir del descubrimiento de la amalgamación en Pachuca sirvieron para sufragar las cuantiosas deudas heredadas por el gobierno de Felipe II, incrementadas con el alto financiamiento utilizado en las guerras sostenidas por la España de la segunda mitad del siglo XVI, al erigirse en defensora del catolicismo europeo. De igual manera, se estudia la gran incidencia que tuvo el multicitado descubrimiento, en la Revolución de los Precios de los siglos xvi y xvii, considerada la primera crisis del capitalismo embrionario, suscitada por la invasión de plata americana a los mercados del Viejo Continente.

Por otro lado, en estas páginas se reúnen dos espacios urbanos representativos, uno de Europa y el otro de América: la Sevilla hispana que vio nacer y crecer hasta la madurez a Bartolomé de Medina, y Pachuca, el sitio donde logró aplicar con éxito, por primera vez, el método de amalgamación o de patio, y el lugar donde murió y donde se encuentran sus restos mortales.

Hasta ahora, en Sevilla, su nombre, si bien no es del todo desconocido, apenas figura en los capítulos de la ciencia de esa metrópoli; mientras que, en Pachuca, una calle de poca importancia, un escondido jardín y una escuela se suman a una placa colocada en el exterior de la que fuera su hacienda, la Purísima Concepción, convertida hoy en un flamante club universitario.

Por otro lado, resulta interesante desentrañar cómo Medina, un metalurgista empírico que nunca logró explicar de manera científica cómo operaba su sistema, fue capaz de describir con lujo de detalles los pasos e ingredientes necesarios para lograr el beneficio de la plata, de modo que el conocimiento científico cedió paso a la tenacidad práctica y logró aplicar un método revolucionario de la metalurgia del siglo xvi, aplicado por cerca de 300 años en todo el orbe.

En este contexto de ideas, Bartolomé de Medina se convierte en uno de los personajes más importantes de la historia de la minería universal y con su descubrimiento logra enaltecer a Sevilla e integrar el nombre de Pachuca al de las célebres ciudades de la geografía universal.

Pachuca Tlahuelilpan, septiembre de 2023.

Bibliografía

Acosta, Josehp, *Historia natural y moral de Indias*, México, Fondo de Cultura Económica, 1962.

Alonso, Martín, *Enciclopedia del idioma. Diccionario histórico y moderno de la lengua española (siglos xii a xx)*, España, Aguilar, 1947.

Álvarez Santaló León, Carlos, *Los siglos de la historia*, Madrid, Salvat, col. Aula Abierta, 1983.

Anónimo, *Descripción de las minas de Pachuca*, Madrid, 1868. Publicada por Torres de Mendoza.

Azcue Mancera *et al.*, *Catálogo de construcciones religiosas del estado de Hidalgo*, México, shcp, Dirección de Bienes Nacionales, 1943.

Bakewell, P. J., *Minería y sociedad en el México colonial, Zacatecas (1546-1700)*, México, Fondo de Cultura Económica, 1976.

Bargalló, Modesto, *La minería y la metalurgia*, México, Fondo de Cultura Económica, 1955.

__________, *La Amalgamación de los Minerales de Plata*, Compañía Fundidora de Fierro y Acero de Monterrey, México 1969.

Boyd Bowman, Peter, *Índice de cuarenta mil pobladores de América en el siglo xvi*, México, Editorial Jus, 1968.

BRADING, D. A., *Mineros y comerciantes en el México borbónico (1763-1800)*, México, Fondo de Cultura Económica, 1975.

BRAUDEL, Fernand, *El Mediterráneo y el mundo mediterráneo en la época de Felipe II*, México, Fondo de Cultura Económica, 1981.

CAPDEQUI J. M., Ots, *El Estado español en las Indias, México,* Fondo de Cultura Económica, 1975.

COOK SHERBURNE, y Borah Woodrow, *Ensayos sobre Historia de la Población: México y el Caribe*, México, Siglo XXI Editores, 1977.

COX, Patricia, *Ruta de plata*, México, Editorial Jus, 1977.

CHÁVEZ OROZCO, Luis, *Páginas de historia económica de México*, México, CEHSMO, 1976.

DE ICAZA, Francisco A., *Diccionario autobiográfico de conquistadores y pobladores de Nueva España*, México, Edmundo Aviña Levy editor, 1969.

DE MENDIZÁBAL, Miguel Othón, *La minería y la metalurgia mexicanas (1520-1943)*, México, Centro de Estudios Históricos del Movimiento Obrero Mexicano, 1980.

DEL PASO Y TRONCOSO, Francisco, *Suma de Visitas*, Madrid, Sucursales de Rivadeneyra, 1905.

_________, *Epistolario de la Nueva España*, México, Antigua Librería Robredo de José Porrúa e Hijos, 1940.

DÍAZ DEL CASTILLO, Bernal, *Historia verdadera de la conquista de la Nueva España*, Barcelona, Círculo de Lectores.

Enciclopedia Universal Ilustrada Europeo-americana, t. 34, Bilbao, Madrid y Barcelona, Espasa-Calpe, 1930.

FERNÁNDEZ DEL CASTILLO, Francisco, *Algunos documentos nuevos sobre Bartolomé de Medina*, México, Sociedad Científica Antonio Alzate, Talleres Gráficos de la Nación, 1927.

_________, "Nuevos documentos sobre Bartolomé de Medina", en *Boletín*, núm. 215 de la Academia Nacional de Historia y Geografía, México, 1969.

GALINDO RODRÍGUEZ, J. de Jesús, *El distrito minero de Pachuca y Real del Monte*, México, 1957. Edición particular.

GAMBOA, Francisco, *Comentarios a las Ordenanzas de Minería*, edición facsimilar, México, Consejo de Recursos No Renovables, Secretaría del Patrimonio Nacional, 1961.

GARCÉS Y EGUÍA, Joseph, *Nueva teoría y práctica del beneficio de los metales de oro y plata por fundición y amalgamación*, México, 1802.

GARCÍA, Trinidad, *Los mineros de México,* 3° ed., México, Porrúa, 1970.

GIRARD, Alberto, *La rivalidad comercial y marítima entre Sevilla y Cádiz hasta finales del siglo XVIII*, España, Centro de Estudios Andalucía Ediciones Renacimiento, 2006.

GÓMEZ DE CERVANTES, Gonzalo, *La vida económica y social de la Nueva España al finalizar el siglo XVI*, pról. y n. de Alberto María Carreño, México, Antigua Librería Robredo de Porrúa e Hijos, 1944.

GONZÁLEZ Y GONZÁLEZ, Luis, *Invitación a la microhistoria,* México, Secretaría de Educación Pública, SEP-SETENTAS, 1973.

Grimberg, Carl, *Historia universal*, México, Daimon, 1983.

HAMILTON, Earl, "American Treasure and the Price Revolution in Spain 1501-1650", *Harvard Economics,* vol. XLII, Cambridge, Harvard University Press.

HAZAÑAS, Joaquín, *La casa sevillana,* Sevilla, Padilla, Consejería de Cultura, Junta de Andalucía, 1989.

HERRERA HEREDIA, Antonia, *La renta del Azogue en Nueva España (1709-1751),* Sevilla, Facultad de Filosofía y Letras de la Universidad de Sevilla, 1978.

HUMBOLDT, Alexander von, Ensayo político sobre el reino de la Nueva España, México, Porrúa, Sepan Cuantos, 1966.

KONETZKE, Richard, *Historia universal siglo XXI,* 13° ed., t. 22, México, Siglo XXI Editores, 1982.

LANG FRANCIS, Marvyn, *El monopolio estatal del mercurio en el México colonial (1550-1710),* México, Fondo de Cultura Económica, 1977.

_________, *Las flotas de la Nueva España. Despacho, azogue y comercio,* Sevilla- Bogotá, Muñoz Moya Editor, 1998.

LEÓN-PORTILLA, Miguel, *Toltecáyotl,* México, Fondo de Cultura Económica, 1980.

_________, *La minería y metalurgia en el México antiguo*, México, Universidad Nacional Autónoma de México, 1978.

List Arzubide, Germán, *Apuntes históricos sobre la minería en México*, México, Secretaría de Educación Pública, Cuadernos de Lectura Popular, 1970.

López Rosado, Diego, *Historia económica de México*, México, Pomarca, 1965.

López Piñeiro, José María, *La ciencia en la historia hispánica*, Madrid, Salvat, Aula Abierta, 1982.

Manzano, Teodomiro, *Anales del Estado de Hidalgo. Primera parte*, México, Gobierno del Estado de Hidalgo, 1922.

Mariátegui, José Carlos, *Siete ensayos de interpretación de la realidad peruana*, Lima, Biblioteca Amauta, 1959.

Marx, Karl, *Crítica a la economía política*, México, Editora Nacional, 1969.

Martínez, José Luis, *Pasajeros de Indias*, México, Alianza Universidad, 1984.

Mateos Ortiz, Manuel, *Los sistemas de cianuración*, México, Manuel León Sánchez de Misericordia, 1910.

Menéndez Navarro, Alfredo, *Catástrofe morboso de las minas mercuriales de la villa de Almadén del azogue*, José Parres Franqués, col. Monografías, España, Universidad de Castilla la Mancha, 1998.

Menes Llaguno, Juan Manuel, y Nieto Bracamontes, Arnulfo, *Los archivos de la Parroquia de la Asunción de Pachuca*, México, 1972. Trabajo presentado al Primer Congreso de Historia Regional, celebrado en San Luis Potosí, México.

Millares, Carlo e Ignacio Mantecón, *Índice y extractos de los protocolos del Archivo de Notarías de México*, dos tomos, México, El Colegio de México, 1945.

Moreno de los Arcos, Roberto, *Las instituciones de la industria minera novohispana*, México, Universidad Nacional Autónoma de México, 1979.

MURIEL, Josefina, *La sociedad novohispana y sus colegios de niñas*, dos tomos, Universidad Nacional Autónoma de México, México, 2004.

MURO, Luis, "Bartolomé de Medina. Introductor del beneficio de patio en Nueva España", *Boletín*, núm. 4, vol. XIII, El Colegio de México, Colección Historia Mexicana, México.

OROZCO Y BERRA, Manuel, *Historia de la dominación española en México*, cuatro tomos, México, Antigua Librería de Robredo de José Porrúa e Hijos, 1938.

_________, *Historia antigua y de la Conquista de México*, cuatro tomos, México, Porrúa, 1960.

ORTEGA RIVERA, Julio, *Pachuca. Su historia y arqueología, Boletín*, núm. 1, México, Centro Hidalguense de Investigaciones Históricas, 1972.

PIÑA PÉREZ, Isaac, *Pachuca y sus orígenes en el siglo XVI*, México, Universidad Autónoma del Estado de Hidalgo, 1968.

PORRAS MUÑOZ, Guillermo, *El gobierno de la Ciudad de México en el siglo XVI*, México, Universidad Nacional Autónoma de México, 1982.

PRIETO, Carlos, "La minería en el Nuevo Mundo", *Revista de Occidente*, Madrid, 1968.

PROBERT, Alan, "The Patio Process the Sixteenth Century Silver Crisis", en *Journal of the West*, núm. 1, vol. VIII, Estados Unidos, 1969. Esta obra fue consultada de la transcripción hecha al español en copia mecanoscrita.

PUIGGRÓS, Rodolfo, *La España que conquistó al Nuevo Mundo*, México, Costa Amic, 1976.

RAMÍREZ, Santiago, *La minería en México*, México, 1890.

RANDALL, Robert W, *Real del Monte: Una empresa minera británica en México*, México, Fondo de Cultura Económica, 1977.

REY PASTOR, Julio, *La ciencia y la técnica en el descubrimiento de América*, Madrid, Espasa Calpe, 1970.

ROMERO MURUBE, Joaquín, "Los jardines de Sevilla", en Curso de Conferencias sobre Urbanismo y Estética en Sevilla, Sevilla, Academia de Bellas Artes de Santa Isabel de Hungría, 1955.

Sánchez Flores, Ramón, *Historia de la tecnología y la invención en México*, México, Fondo Cultural Banamex, 1980.

Semo, Enrique, *Historia del capitalismo en México*, México, Era, 1975.

Smith, Adam, *La riqueza de las naciones*, Barcelona, Orbis, Colección Biblioteca Económica, 1985.

Solórzano y Pereira, Juan de, *Política indiana*, edición facsimilar, sin fecha, Perú, Gobierno Constitucional Peruano.

Soto Oliver, Nicolás, *La minería. El distrito minero Pachuca-Real del Monte en la historia*, México, Gobierno del Estado de Hidalgo, 1985.

Suárez de Peralta, Juan, *Tratado del Descubrimiento de las Indias*, México, Secretaría de Educación Pública, 1949.

Swentzer, Eitan, *Economía de la pobreza en la España del Siglo de Oro*, Madrid, edición del autor, 1997.

Thompson, I. A. A., *La guerra y la decadencia. Gobierno y administración en la España de los Austrias (1560-1620)*, Barcelona, Crítica, 1981.

Todd, A. C., *The Search for Silver*, Cornwall, Inglaterra, The Lodenek Press Padstow, 1977.

Trabulse, Elías, *Historia de la ciencia en México*, México, Fondo de Cultura Económica, 1981.

Diccionario Enciclopédico Espasa Calpe, Madrid, Espasa Calpe, 1979.

Valdés Lakoworsky, Vera, *De las minas al mar. Historia de la plata mexicana*, México, Fondo de Cultura Económica, 1987.

Weber, Max, *Historia económica general*, México, Fondo de Cultura Económica, 1974.

Archivos consultados

Archivo General de Indias, Sevilla, España.

Archivo General de la Nación, Ciudad de México, México.

Archivo Histórico del Poder Judicial del Estado de Hidalgo, Pachuca, México.

Archivo de la Parroquia de la Asunción, Pachuca, México.

Las imágenes utilizadas forman parte del fondo fotográfico del autor.

El autor agradece cumplidamente la ayuda prestada para realizar este trabajo al licenciado José Vergara Vergara, quien paleografió gran parte de la información archivística consultada.

BARTOLOMÉ
de Medina
terminó de imprimirse en 2024
en Impregráfica Digital, S. A. de C. V.,
Av. Coyoacán 100-D, colonia Valle Norte,
03103, alcaldía Benito Juárez, Ciudad de México.